ゲノム編集と細胞政治の誕生

粥川準二
KAYUKAWA, Junji

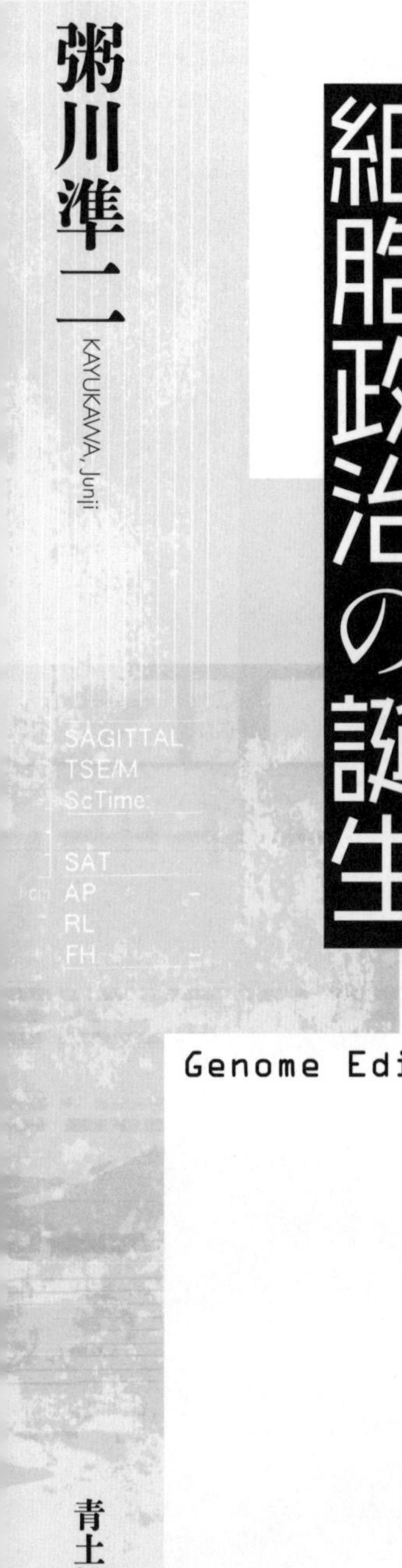

Genome Editing and the Birth of Cell-Politics

青土社

ゲノム編集と細胞政治の誕生 ❋ 目次

第II部　ゲノム編集時代のエチカ

ゲノム編集と細胞政治の誕生

序　章　細胞政治の誕生
——HeLa《ヒーラ》細胞とヘンリエッタ・ラックス

「万能細胞」問題の起源

ヘンリエッタ・ラックス。その名前が医学や科学の歴史で取り上げられることはほとんどない。彼女はメリーランド州の片田舎でタバコを栽培していた貧しいアフリカ系女性であり、一九五一年、三一歳のとき、子宮頸がんで死んだ。しかし彼女は、世界中の実験室で生きている。世界で初めて〝不死化されたヒト細胞〟である「HeLa《ヒーラ》細胞」として——。

本章は、その端的な事実を議論の出発点とする。

一九八一年、イギリスの生物学者マーチン・エバンスがマウスの実験で、世界で初めてES細胞（胚性幹細胞）の作製に成功したことを報告した。彼は後にこの功績が認められてノーベル賞を受賞した。一九九八年には、アメリカのジェームズ・トムソンが今度はヒトでES細胞の作製を報告した。日本の山中伸弥は、二〇〇六年にマウスで、二〇〇七年にはヒトで、iPS細胞(人工多能性幹細胞)の作製に成功した(二〇〇七年の報告はトムソンと同時である)。ES細胞とiPS細胞。両者はその特徴から、「万能細胞」と呼ばれることがある。

一九九八年以降、ES細胞は、アメリカを中心に世界中で、その利用の是非をめぐって激しい議論を巻き起こした。一方、iPS細胞はES細胞に比べて、圧倒的な支持を集めているように思われる。つまり「従来の万能細胞」とも呼ばれるES細胞が喚起した〝問題〟は、「新型万能細胞」と呼ばれるiPS細胞の登場により解決されたかのように思われている。

しかし、そうした〝問題〟はほんとうに解決されたのだろうか。

そもそも〝問題〟の出発点は、いつなのだろうか。生命科学の問題を社会問題として、あるいは社会科学の問題として認識するためには、問題の出発点を明確に捉えておきたい。ヒトでのES細胞の作製が報告された一九九八年なのか。それともマウスでのES細胞の作製が報告された一九八一年なのか。

ES細胞は、精子と卵子が受精してできる「胚」のなかにある「内部細胞塊」と呼ばれる部分からつくられる。すなわち一人の人間になりうる胚を破壊(滅失)することを避けられない。だとしたら、体外で胚をつくること、つまり「体外受精」の成功を一つの区切りと考えることもできる。動物での実験段階を省略すれば、世界で初めてヒトでの体外受精を成功させたのはイギリスのロバート・エドワーズとパトリック・ステプトウであり、その報告は一九六八年である。一九七八年七月、彼らは世界初の体外受精児ルイーズ・ブラウンを誕生させた（そしてエドワーズもまた、後にノーベル賞を受賞した）。

「万能細胞」の〝問題〟を複雑化させることになったクローン技術――とくに体細胞での核移植、体細胞クローニング――の登場も無視できない。イギリスのイアン・ウィルムットらが世界で初めて、体細胞の核移植によって哺乳類の個体誕生を報告したのは一九九七年である。有名なクローンヒツジ「ドリー」のことだ。

しかし筆者はむしろ「ＨｅＬａ細胞」と呼ばれる細胞（株）の作製を挙げる。すなわち体外でのヒト細胞の増殖・培養が可能になったこと、試験管の中、つまり身体の外でヒトの――人間の、ではなく――「生」が維持されるようになったことがより重要であり、「万能細胞」をめぐる今日的問題の発端、そして「人体の資源化」[1]の起源ではないかと考えている。つまり、「多分化能（さまざまな細胞に分化・変容する能力）」こそないものの、「自己増殖能（分裂・増殖する能力）」はあるヒト細胞の登場である。

つまり「万能細胞」をめぐる諸問題の起源は、ＨｅＬａ細胞の誕生とその後の歴史的経緯にある。それを見ていこう。

ＨｅＬａ細胞の誕生

歴史人類学者ハンナ・ランデッカーは、論文「不死性、試験管の中で　ＨｅＬａ細胞の歴史」などで、ＨｅＬａ細胞の歴史を詳細に記している。[2] ランデッカーのいう「不死性（immortality）」とは、自己増殖能のことである。すなわち、栄養を与え続ける限り、分裂し続け、増殖し続けられることだ。自己増殖能を与えられ、不死化された細胞のことを「細胞株」という。

一九五一年、ヘンリエッタ・ラックスというバルチモア在住のアフリカ系女性が、月経の不調を訴えてジョンズホプキンス大学病院を訪れた。医師たちは生検（病理学的な検査）を行ったうえでヘンリエッタの病状を、「子宮頸部がん」と診断した。その断片は同大学でがんの研究をしていたジョージ・ガイの研究室に送られた。子宮がんの研究に使うためである。「ラックスは、自分が気づくことも許可することもなく、その生検資料の断片がガイの研究室に送られたとき、その子宮がん研究計画の一部になった」とランデッカーは書く。[3]

その細胞が安定したまま分裂・増殖し続けることがわかると、ガイは世界中の研究者にそれを配布した。「「不死」というラベルが適用され、細胞株としてのその役割が子宮がん研究のあらゆる部分にすばやく影を落とすまでに、時間はかからなかった」。[4]

ガイはラックスの姓名の頭文字から「ＨｅＬａ細胞」とそれを名付けた。それは基本的な生物学研究の技術を持つ者ならほとんど誰でも培養することができた。そのため、ＨｅＬａ細胞は分裂・増殖を続けながら「試験管から試験管へと」旅することになった。

ガイは特許権を取ろうとはせず、配布を制限することもなかった。また、配付することによる「チェーン・レター効果」をまったく予想していなかった。すぐにミクロバイアル・アソシエイツという会社がＨｅＬａ細胞を商業販売のために培養し始めた。ガイは仲間に手紙を出して自分の狼狽を伝えたのだが、ときはすでに遅かった。ＨｅＬａ細胞は、ありとあらゆる種類の細胞培養で使われる栄養培地の生産など、さまざまな目的で利用されるようになった。たとえばガイ自身らは、ＨｅＬａ細胞がポリオウイルスに感染すると、それが「死ぬ」ことを利用して、その診断法を開発した。ポリオとは、小児の神経が侵されることによって起きる運動麻痺で、ポリオウイルスはその原因となる病原体である。

ラックスは「子宮頸部の類表皮悪性腫瘍」だと診断され、その八カ月後に死んだ。しかし、その後の調査で、彼女の病名は「腺がん」であったことが判明した。ランデッカーによれば、「この患者の診断と治療に責任がある医師」の一人は、ガイの偉業を称える文章の中で「ＨｅＬａの正確な組織病理的な性質は、ジョージ・ガイの揺るぎない才能の脚註にすぎない」と書いている。(5)

彼女の命を奪った病気が「類表皮悪性腫瘍」であったのか、それとも「腺がん」であったのか。当時の技術水準で正確に診断できたかどうかは議論の余地があるだろう。しかしランデッカーは皮肉を込めてこう書いている。「それは彼女の許可を得ることなく研究素材となり、最終的には、科学者の揺るぎない才能への脚註に落ち着いた[6]」。

ヘンリエッタ・ラックスの名前は、生物学や医学の歴史のなかでは、本文ではなく脚註に記される価値しかないのだろうか。

人種と性のメタファー

その後、さまざまなヒト細胞株が科学者らによって次々と作製された。

たとえば一九六一年、レオナルド・ヘイフリックは、自分の娘が生まれたとき、その羊膜（胎児と羊水を包む膜）から細胞株を作製した。それは、レオナルド・ヘイフリックの娘と同じ遺伝子の組成を持つ。そしてそれは必然的にヘイフリックの遺伝子も持っているので、文字通り彼の「娘細胞」――細胞分裂の結果として生じる細胞――だった。ヘイフリックはその細胞株を「WISH」と名づけた。「WISH」は、彼が属していた「ウィスター研究所（Wistar Institute）」と、彼の娘の名前スーザン・ヘイフリック（Susan Hayflick）の頭文字を意味している。

一九六六年には、モンロー・ヴィンセントが、前立腺の良性腫瘍があると診断され、彼はすぐ、自分の前立腺から取った細胞を培養し、「MA160」という細胞株を作製した。この名前は彼自身ではなく、彼がパートナーシップを組んでいた生物医学備品会社「ミクロバイアル・アソシエイツ・インク」からとられている[7]。

そのようにＨｅＬａ細胞以外にもさまざまなヒト細胞株が作製された。その後しばらくして問題が起こった。ＨｅＬａ細胞はそのあまりに強い増殖性（自己増殖能）のために、ちょっとしたミスでほかの細胞株に混入してしまった。しかもそのことは、ラックスがアフリカ系、すなわち黒人であったことから、つねに人種のメタファーで語られた。

その問題は一九六七年に開催された「細胞組織および臓器培養二〇周年再検討会議」から始まった。その会議で、遺伝学者スタンリー・ガートラーは、一八種類の異なるヒト細胞株を調査したところ、それらすべてがＨｅＬａ細胞によって「汚染」され、乗っ取られている、と発表した。

ガートラーは一八株の細胞株を、遺伝的に異なることが知られている一連の酵素を調べた。異なる人々のあいだでは、微妙に異なるはずのものである。ところが、一八の細胞株すべてが正確に同じ酵素の特徴を含むことがわかった。それらは一八種類の別々のヒト細胞ではなく、すべて同じものであることを示したのだ。一八種類すべてがＨｅＬａ細胞と同じ特徴を持っていた。この研究で重要なのは、Ｇ６ＰＤ（グルコース6リン酸塩デヒドロガイナーゼ）と呼ばれる特別な酵素の特徴であった。

ハンナ・ランデッカーが注意を促すのは、次のようなガートラーの発言である。

私たちを懸念させるG6PDの異型は、A（速い）タイプとB（遅い）タイプである。Aタイプは、ニグロ（Negroes）だけに見つかるものである。〔略〕私たちが一八の別々のヒト細胞株であると考えられているそれらのG6PDを分析した結果は、すべてがAのバンドを持っているということである。〔略〕私には一八株すべての人種的起源の推測を確かめることができない。しかしながら、それらのうち少なくともいくつかは白人のものであることが知られている。そして少なくとも一つ、HeLaは、ニグロのものである。(8)

すぐに研究者らは「汚染する細胞を黒として、汚染される細胞を白として示」すようになった。「この瞬間、HeLa細胞をめぐる語りは劇的に変わった」(9)。

ガートラーによって「HeLa汚染」されていると指摘された細胞株の作製者たちは、すぐに反論を始めた。前述のモンロー・ヴィンセントは、MA160は、HeLa汚染でない、と述べた。ヴィンセントの細胞株は、彼の前立腺からつくられたものである。彼は、MA160のG6PDは自分の「ニグロの先祖」から受け継がれたのだろうと推定した。レオナルド・ヘイフリックが娘の羊膜からつくった細胞株「WISH」もまた、ガートラーが「ニグロにだけ見られる」といった特徴を持つとされた。白人であるヘイフリックは、ガートナーの論文に続く議論の間に立ち上がり、こう言ったと伝えられている。「私はすぐに妻に電話しました。妻のおかげで、私の最悪の恐れには根拠がないと私は確信しました[10]」。

続いて一九七四年には、米国立がん研究所から「標準的な参照用細胞株のストック」をつくるよう依頼されたウォルター・ネルソン－リーズが、ＨｅＬａ細胞に「汚染」されていると判断した細胞株のリストを公表し始めた。汚染された細胞はきわめて多いことが明らかになった。ＨｅＬａ細胞によって「汚染」された細胞株のなかには、当時のアメリカ合州国大統領リチャード・ニクソンと当時のソ連共産党書記長レオニード・ブレジネフが一九七二年に交渉した「生物医療情報交換（biomedical information exchange）」のもとで、ロシアの科学者からアメリカの科学者にもたらされた六種類の培養細胞も含まれていた[11]。

この時期、一九七四年から一九七七年までの間に、ＨｅＬａ細胞とヘンリエッタ・ラックスについて、膨大な数の記事が『サイエンス』から『ローリング・ストーンズ』までさまざまな雑誌や新聞で掲載された。それらには明らかに、人種と性のメタファーが含まれていたことを、ハンナ・ランデッカーは強調する。「黒人、そして女性というアイデンティティは、「力強い」、「攻撃的」、「秘密の」、「パイレックス〔耐熱ガラス〕のなかのモンスター」、「疲れない」、「縮小しない」、「背教者」、「破滅的な」、「多産の」と、さまざまに表現される特徴と組み合わされた[12]」。

付言しておくと、ＨｅＬａ細胞によるそのほかの細胞株の「汚染」という問題は、いまも世界各地のバイオバンク〔研究用の細胞を保管する施設〕で続いており、それは「クロスコンタミネーション」という用語で語られつつ、問題化されている。[13]

ヘンリエッタとその家族

以上、主に科学者らの動向について見てきた。しかしながらＨｅＬａ細胞の物語の登場人物は科学者だけではない。当然ながらヘンリエッタ・ラックスとその家族もその登場人物である。以下、主にサイエンスライターのレベッカ・スクルートの記事を参考にして、ラックスとその家族の動向を見てみる。

前述したようにラックスが月経の不調でジョンズホプキンス病院を訪れたのは、一九五一年二月一日のこと。夫のデービッド・ラックスと五人の子どももいっしょだったという。ホプキンス病院の医師はラックスの子宮頸部にある腫瘍を発見し、その細胞を採取した。ヘンリエッタと家族は帰宅した。「そしてニュースが届いた。腫瘍は悪性だった、と」[14]。

ヘンリエッタと家族は八日後、またホプキンス病院を受診し、彼女は放射線治療を受けた。そのとき、もう一度、細胞の採取が行われ、それは同病院の組織培養部長ジョージ・ガイの実験室に送られた。ガイとその妻マーガレットは、がん研究に使えるヒト細胞株の作製に取り組んでいた。ヘンリエッタの細胞は、驚異的な勢いで増殖していった。

ところがヘンリエッタの細胞が「乗っ取った」のは試験管だけではなかった。腫瘍はヘンリエッタの全身に広がり、治療の甲斐なく、同年一〇月四日に彼女は死んだ。ヘンリエッタの遺体は、彼女の故郷ヴァージニアに送られ、そこで埋葬された。

素朴な疑問として、ヘンリエッタやその家族は、細胞の採取やＨｅＬａ細胞のその後について、どれだけのことを伝えられていたのだろうか。スクルートがヘンリエッタの夫デービッドの証言を紹介している。

「私がそれについて聞いた〔唯一の〕ことは、彼女はがんだった、ということです」とデービッド・ラックスは言う。「彼らは私を呼び、彼女が死んだのでそこに来るよう言いました。彼らは私に、サンプルを採らせてくれと頼みました。そして私は、彼らにそうさせないよう決めました」。しかし研究者たちは、自分たちはがんを研究するために彼の妻の細胞を使うことになる、と〔デービッド・〕ラックスに話した。いつの日か再び彼の家族に衝撃を与えるに違いないことである。彼らの研究はいつの日か彼の子どもや孫を助けるに違いない。ラックスは懐疑的だった。しかし、と彼は考えた。もし彼ら〔研究者たち〕が私の妻のがんが私たちの子どもにどのように影響するかを知りたいのならば、そしてもし彼らが病気になったときに治療する準備ができるのならば、それはＯＫだろう、と思った。「私のいとこは、害はないだろう、と言いました。それで結局、私は彼らにそれ［サンプルの採取］をさせました。彼らがこれまでに知ったなかで最も成長の早いがんでした（と医師たちは言いました）。また彼らはそれについて私に教えてくれ、知らせてくれると思ったのですが、私は一度も聞いていません⑮」

ラックス家の人々がヘンリエッタの細胞のその後、すなわちHeLa細胞について知るまで、なんと四半世紀もの時間がかかった。それはほんの偶然からだった。少し長くなるが、スクルート の記述を引用しよう。

ヘンリエッタの長男ローレンスの妻バーバラ・ラックスは、バルチモアのレンガづくりの二階建ての家、彼女の家から五軒離れたところで、友人であるジャスミンの家でディナーの席に着いていた。二人の女性は長年の友人だったが、バーバラは、ジャスミンの義理のきょうだいに会ったことがなかった。彼らはワシントンから一日かけてやってきた。彼らはマホガニーのテーブルを囲んで集まった。植物とやわらかな光に囲まれて。そしてジャスミンの義理のきょうだいジャクソンは、テーブルを挟んでバーバラを見た。

「ねえ」と彼は言った。「あなたの名前には聞き覚えがありますよ」。ジャクソンは科学者

018

で、ワシントンの研究室で日々を過ごしていた。「私は、それが何かを知っていると思います……私は研究室で、ある細胞で研究をしています。それらは、ヘンリエッタ・ラックスと呼ばれる女性に由来するものです。あなたのご親戚でしょうか？」

「それは私の義理の母です」とバーバラはため息をつき、首を振った。「彼女は二五年近く前に死にました。彼女の細胞で研究しているって、どういうことですか？」

ジャクソンは説明した。その細胞は、ヘンリエッタが死んでからも生きており、世界中に存在する、と彼は彼女に話した。実際、そのときには、それら〔HeLa細胞〕は標準的な参照用細胞だった――分子科学者で、それらで研究していない者はほとんどいない。バーバラは席を外し、彼に感謝し、連絡することを約束した。そして走って帰宅し、自分が聞いたことを夫に話した。あなたのお母さんの細胞は生きている、と彼女は彼に話した。ローレンスは父親に電話し、父親はローレンスの兄弟や姉妹に電話した。彼らはすぐには理解できなかった。「私がほんとうに抱いた疑問は」とバーバラは言う。「私がジャクソンに尋ね続けた疑問は、なぜ、何も家族に知らされなかったのか私にはわからない、ということでした。彼らは私たちに連絡する方法を知っていました」。しかしヘンリエッタの死後二〇年のあいだ、誰も連絡しなかった。疑問に思い続けることの代わりに、ラックス家の人たちは電話を取り、自分たちからホプキンス病院に連絡した。そして彼らはそれを絶好の時期に行った。ヘンリエッタの細胞は、コントロールを失って拡がっていることがわかったのだ。科学者のなかには、彼女の親類が、手助けを求めうる唯一の人々であると考える者もいた。(16)

一九七五年といえば、ウォルター・ネルソン＝リーズが、それまでＨｅＬａ細胞ではないと信じられてきた細胞株のなかに、ＨｅＬａ細胞に「汚染」されている、もしくは「乗っ取られている」ものが多数あることを報告した翌年である。

まったくの偶然だったのだが、ラックス家の人々がホプキンス病院に電話してからすぐ、手紙が届いた。手紙は、ホプキンス病院の研究者らが、ラックス家の人々が血液や組織を提供する気があるかどうかを知りたがっていることを伝えるものだった。ラックス家の人々はそれに応じ、すぐに彼らから血液が採取された。研究者らは、ヘンリエッタやその家族についての情報を、それらから得ることができた。しかしこのことは、ラックス家の人々には何の見返りももたらさなかったようだ。

スクルートが、ヘンリエッタの息子ソニーの証言を紹介している。

「医師たちは、私の母親の身体のなかにあるものを知るために私たちを調べました。遺伝的に、です」とヘンリエッタの息子ソニー・ラックスは思い出す。「しかし彼らが言うのはそれがすべてでした。彼らは二度と私たちに連絡してきませんでした。私たちは二度、彼らに連絡しましたが、彼らは私たちに返事をしませんでした。それからしばらくして、私たちはただ、電話するのに疲れ、それでみんななすがままにしてしまい、自分たちの生活に戻ったのです」。しかし、みんなときどき、自分たちは、母親を殺した遺伝子を持っているのかどうかを知りたがるときがある。[17]

ラックスがジョンズホプキンス大学病院を受診したとき、彼女自身や彼女の家族がその細胞の運命について決断するための「制度的、民族的、そして法的枠組み」は何もなかった、と前述のハンナ・ランデッカーは指摘する。[18]

細胞の物語

スクルートの記事のなかで、ジョンズホプキンス大学の生命倫理学者ルース・フェイデンは、ヘンリエッタ・ラックスとＨｅＬａ細胞の物語はいくつもの問題を提起する、と指摘している。これらの問題は、ある程度までは解決されつつも、「万能細胞」による新しい研究成果に沸く現在に至るまでくすぶり続いている。

一つは同意という問題である。いわゆるインフォームドコンセント（情報を得たうえでの同意）である。一九五〇年代には「患者の認識も同意もなく研究を行うことは、医師にとって、まったくまれなことではありませんでした。このことはそれを正しいものにはしません。それは確かに正しくありませんでした。それはまた、不幸にもありふれたことでした」とフェイデンは言う。[19]スクルートは、ヘンリエッタとHeLa細胞の物語こそが、その慣習を変えた――生命倫理あるいはインフォームドコンセントを誕生させた――一因であることを示唆する。「ヘンリエッタがホプキンス病院のドアを通ったとき以来、生物医学倫理という分野が生まれたのだ。そしてインフォームドコンセントについての規制がもたらされた。いまでは患者は、許可なくサンプルを採る医師はいない、という法的な約束のようなものを抱いている」。[20]

スクルートが別の記事で紹介している親族の証言もまた示唆的である。

ヘンリエッタ・ラックスの義理の娘ボベッテ・ラックスは、もし研究者たちがHeLa細胞について家族に話し、そして未来の研究について彼らに情報を伝えていたら、家族は協力していただろう、と言う。しかし現在はそうではない、「私は私の子どもをそのための対象にはしません」とボベッテ・ラックスは言う。[21]

つまり今日でいうインフォームドコンセントさえなされていれば、自分たちは研究に協力したかもしれない、ということだ。だが、この発言は二〇〇一年のものである。ラックス家の人々がこのような発想で疑問を持つに至ったのも、五〇年という歳月が経ったからだとも考えられる。一九五一年当時においては、ラックス家の人々、つまり一般の患者、被験者はもちろん、医師や研究者の側にも、インフォームドコンセントやそれに類する考え方は乏しかっただろう。

もう一つは人体の資源化、商品化、あるいは商業化という問題である。スクルートやフェイデンも言うように「研究の被験者は一般的に何も見返りを得ない」[22]。前述のようにジョージ・ガイはHeLa細胞について特許を取得せず、配布に制限をしなかった。そのためHeLa細胞はまたたく間に世界中の研究室に存在するようになり、がん研究はもちろん、ポリオワクチンの製造から核爆発の影響評価まで、さまざまな用途に使われた。HeLa細胞が生物医療の進展に大きく貢献したのは事実であるが、ヘンリエッタやその家族が何の見返りも得ていないこともまた事実である。ラックス家の人々は、通常の医療へのアクセスにさえ苦労しているとも伝えられている。

また、映画監督のシャーレーン・ギルバートがドキュメンタリー映画『色つきの身体　ヘンリエッタ・ラックスとHeLa細胞』を制作していると伝えられたことがあるが、彼女はその動機について二〇〇一年にこう語っている。

「私にとっては、本当の疑問は「私たちは社会として人体の商業化に同意しているのか?」というものです。はっきりとした理由で、この疑問は私にとって大きな関心なのです。私はアフリカ系アメリカ人女性で、私の先祖はこの国が、人肉の取引や購入、販売に参画していた時代を生き延びたのです」と彼女は言う。(23)

こうしたヒト細胞株から得られる経済的利益については、ずっと後に問題となった。カリフォルニア大学ロサンゼルス校の医師が、手術で切除した脾臓の細胞を患者に無断で培養して細胞株を作製し、その製品化のための特許を取得した。それを知った患者ジョン・ムーアは、所有権を主張して大学を訴えたが、州最高裁はそれを棄却した。一九九〇年のことであり、この裁判の過程は彼の名前を取って「ムーア事件」と呼ばれる。ここで記しておくべきことは、ムーアは訴訟を起こすことのできる階層の者で、ラックス家の人々はそうではない、という端的な違いである。

もう一つは匿名性という問題である。ジョージ・ガイは当初、HeLa細胞がヘンリエッタ・ラックスに由来するものであることを秘密にしていたらしい。つまり匿名性を守っていた。しかしながら、それは「ヘレン・ラーン」という名前の女性に由来するものだ、という噂が流れ、ガイが死んでから、同僚らがそれを訂正しようとした。

今日、生物医学研究や薬品製造に使われているヒト細胞のほとんどは匿名化されている。「万能細胞」もしかり。一九九八年から作製され始めたヒトES細胞も、二〇〇七年から作製され始めたヒトiPS細胞も、どちらも提供者（ES細胞の場合は提供カップル）の匿名性は保たれている。一方、ゲノム研究者のなかには、自らの細胞に含まれるゲノム情報（全塩基配列）を公開した者もいるが（ジェームズ・ワトソン、クレイグ・ベンターなど）、これらは例外であろう。

スクルートやフェイデンは、こうした問題に取り組むための「よい方法」は「みんなが学ぶことができる物語を語ること」だと言う。「この物語はヘンリエッタとHeLa細胞の起源から始まる。つまり、それらは多くの出版物が間違えて伝えているようにヘレン・ラーンやヘレン・ラーソンではなく、ヘンリエッタ・ラックス、デービッドの妻、五人の母親に由来するものである、と」。[24]

つまり「ヘンリエッタ・ラックス」という生身の人間のことを、実名で語っていくことこそが重要である、ということだ。こうした主張は、提供者を匿名とすることが原則となりつつある現在の趨勢と矛盾するようにも思える。しかしながら、たとえ不死化された――自己増殖能を持たされた――細胞（株）の一片であれ、それは名前を持つ人間の身体から取り出さなければ得られないものであることはまぎれもない事実であり、それを意識することは、生命倫理と呼ばれる分野で議論される、あらゆるテーマを考えるうえできわめて示唆的である。

世界で初めて不死化されたヒト細胞は、さまざまな生命科学／生命倫理上の問題を社会問題として捉えなおし、それに取り組むうえでの重要なヒントを物語っている。

資源としての人体

そのヒントについて、いくつかの補助線を引いておこう。

現在、生物学や医学の研究、医薬品生産、移植治療などの「資源」として用いられる、人間を含む動植物の組織や細胞、DNAなどは「バイオリソース（bioresource）」と総称されており、「生物資源」や「生物遺伝資源」などと訳されている。筆者はかつて、バイオリソースのなかでもヒトに由来するもの（臓器や組織、細胞、DNA、そしてそれらに付随する個人情報）を、「人体資源」と呼んだことがある。[25]

こうした人体資源の特徴を、宇都木伸の解説[26]などを参考にしつつ、筆者なりにまとめてみると、次のようになる。

(1) ヒトあるいは人そのものではなく、提供者／由来者の身体から離れ、他人の手から手へと渡されていくことができる「モノ」であること。

(2) 空間的に提供者／由来者本人から遠く離れたところに存在でき、そのため本人に無断で第三者が扱うことができること。
(3) 保存と増殖が可能であること。
(4) 情報を出し続けること。
(5) 同一の提供者／由来者のさまざまな側面が別々に見られる傾向があること。
(6) 知的財産権を生み出しうること。

人体資源は多くの場合、医療現場で生じるが、利用者（研究者）に手渡されるときには、少なくとも見かけ上はヒトというより「モノ」にみえる。まるごとのヒトから切り離され、臓器、組織、細胞と小さくなっていくにつれて、その姿はモノらしくなり、もとの持ち主――「提供者」や「由来者」と呼ばれる――からは遠い存在になっていく（ようにみえる）。しかし最後の最後に細胞からDNAを抽出すると、そこには「究極の個人情報」、つまり提供者の体質や血縁関係に深く関わる情報が、塩基配列というかたちでしっかりと書き込まれている。

種類によって異なるものの、人体資源は凍結などによって長期間の保存が可能であり、また、多少の加工を施すことによって基本的な特徴をもたせたまま増殖させることができるものもある。この特徴こそが人体資源を「バイオバンク」で保存しやすいものにした。バイオバンクは人体資源を、冷凍保存し、必要に応じて増やしたうえで配分する機関である。提供者／由来者と利用者との間にバイオバンクが介在することによって、人体資源は空間的にも時間的にも提供者／由来者からますます遠く離れたところ、つまりその意思が届かない場所に存在することになる。

ＨｅＬａ細胞は、前述した六点の特徴を満たした、初めての人体資源である。その歴史的、倫理的な意味を解き明かすために、もう一つの補助線を引いてみる。

生権力と生政治

フランスの思想家（哲学者・歴史家）ミシェル・フーコーは、著書『監獄の誕生』（一九七五年）で、権力の形態、とりわけ刑罰や監視の形態の変化に注目して、社会が「君主社会」から「規律社会」へと変化する様子を描いた。[27] その後、『性の歴史Ｉ　知への意志』（一九七六年）で、古い「死に対する途方もない権力」＝君主型の権力が衰え、それに代わって、新しい「生権力」[28]が台頭してきたと述べた。かつて専制君主国家で作用していた権力、国王殺害を企てたダミアンに下された「身体刑」をもたらすような権力、「死に対する権利」、「死に対する途方もない権力」は、近代においては、「生命を経営・管理する権力」、「生命に対して積極的に働きかける権力、生命を経営・管理し、増大させ、増殖させ、生命に対して厳密な管理統制と全体的な調整とを及ぼそうと企てる権力」の補完物にすぎないものになった、とフーコーはいう。

フーコーはその変化をこう表現する。

> 死なせるか生きるままにしておくという古い権利に代わって、生きさせるか死の中へ廃棄するという権力が現れた、と言ってもよい[29]〔傍点原文のママ〕。

この新しい「生に対するこの権力」は「生権力」と名づけられている。生権力は、身体に関わる規律=「解剖政治（学）」と人口の調節=「生政治（学）」という二つの形態で発展した。一八世紀には、前者は軍隊や学校といった制度において、後者は人口統計学や収入と住民の関係の算定などにおいて立ち現れた、とフーコーはいう。そして「〈生‐権力〉は、疑う余地もなく、資本主義の発達に不可欠の要因であった」と[30]。

筆者はかつて、「健康が問題にされるとき、その客体と主体は何か？」という問いを立て、その客体（対象）は大きさによっておおむね三つに分けられ、また、それぞれを扱う主体となる医学分野も微妙に異なる、と述べたことがある[31]。つまり、⑴「人口または集団」を扱う社会医学や公衆衛生、⑵「個人または個体」を扱う、いわゆる医学全般、⑶細胞やＤＮＡを扱う生物医学（バイオメディスン）、と。ただ、筆者がかつて「主体」としたものはむしろ「手段」かもしれない。

フーコーのいう「生政治（学）」は、主として⑴である人口または集団を、「解剖政治（学）」は主に⑵である個人または個体を対象にしていると思われる。フーコーは、生権力にはこうした二つの形態があると述べたのだが、現在では、⑶である細胞やDNAを対象とする三つ目の形態を付け加えなければならないのは明らかである。また厳密にいえば、生政治による生権力は、⑴を主な対象とすることで、⑴に含まれる⑵をも、⑵に含まれる⑶をも貫いている、と考えるほうが妥当である。言い換えれば、生権力は、人口を経由して個人を、個人を経由して細胞やDNAを貫きながら、その影響を広く深くおよぼしている、ということだ。

加藤秀一はすでに一九九二年の時点で、主に体外受精などの生殖技術を念頭に置きながら、「身体の内部、子宮から生殖細胞へ、そして遺伝子へと深く潜航しつつある技術は、内面を媒介とする主体化、身体に定位するディシプリンではない、もはや別の権力技法の断片」ではないかと指摘し、「今や我々は、少なくとも、フーコーのリストに第三の項を付け加えるべきだろう」と述べ、それを「受精卵、生殖細胞、さらには遺伝子のレベルに照準する新しい生殖技術の「遺伝学的政治（geno-politique）」」と名づけていた[32]。

加藤がこの提起をしたのは、iPS細胞やゲノム編集はおろか、ヒトのES細胞さえなかった時代である。それから二〇年以上が過ぎた。加藤の指摘を現在の科学水準に合わせて再編するならば、「遺伝学的政治」が照準するもののリストには、体細胞や胚（受精卵が発生したもの）、体

表1　医療・医学における権力形態

	対象	手段	権力形態
(1)	人口または集団	社会医学、公衆衛生	人口の調整＝生政治
(2)	個人または個体	いわゆる医学全般	身体に関わる規律＝解剖政治
(3)	細胞やDNA	生物医学（バイオメディスン）	細胞やDNAへの介入＝細胞政治

細胞からつくられる多能性幹細胞、さらにはそれらから分化誘導される細胞をも含めるべきであろう。

　筆者はこの加藤の提起を踏まえて、ｉＰＳ細胞やゲノム編集の時代に全面展開する生権力の第三形態を「細胞（生物学的）政治（cell biological politics, cell-politics）」と名づけたい。

　それらの関係をまとめれば**表1**のようになるだろう。

　ＨｅＬａ細胞の登場によって、人類は初めて、ヒトの細胞を身体ではない場所で扱うことができるようになった。体外受精やクローン技術、ＥＳ細胞、ｉＰＳ細胞、ゲノム編集といった生技術《バイオテクノロジー》はすべて、細胞を培養することができなければ、存在しなかったであろう。生政治はこうした生技術の発展に応じて、細胞や遺伝子のレベルでも、生権力を行使することが徐々に可能になった。

　ＨｅＬａ細胞の誕生は、細胞政治の誕生でもあったのだ。

細胞を貫く権力

では、その細胞政治の生権力は、細胞をどのように貫いているのか。
そのヒントはやはり、先に記したフーコーの謎めいた言葉のなかにある。もう一度引用しよう。

　死なせるか生きるままにしておくという古い権利に代わって、生きさせるか死の中へ廃棄するという権力が現れた、と言ってもよい[33]〔傍点原文のママ〕。

フーコーの論述を市野川容孝の解釈も参考にしながら、[34]やや単純に図式化すると、おおむね**表2**のようになると思われる。

　筆者がここで第一選択と区切ったこと、つまり「死なせる」ことや「生きさせる」ことは、市野川も指摘しているように「作為」である。それに対して、第二選択、つまり「生きるままにしておく」、「死の中に廃棄する」ことは、「不作為」である。「死の中に廃棄する」ということは、言い換えれば、「死ぬままにしておく」ということであろう（フーコーがなぜ、「死の中に廃棄する」というような文学的表現を使ったのかは筆者にはわからない）。

　古い権力（＝死権力、死なせる権力）にせよ、新しい権力（＝生権力、生きさせる権力）にせよ、

表２　古い権力と新しい権力による生と死

	第１選択（作為）	第２選択（不作為）
古い権力（死権力）	死なせる	生きるままにしておく
新しい権力（生権力）	生きさせる	死の中に廃棄する（死ぬままにしておく、死ぬに任せる）

権力はまず作為を働かせ、その作為を停止するかたちで、不作為を働かせる。新しい権力、生権力は、まずはその対象を文字通り「生きさせる」のだが、何らかの理由でその選択を放棄したときには、「死の中に廃棄する」、つまり「死ぬままにしておく」。

筆者は、この「生きさせるか死の中へ廃棄する」という権力は、iPS細胞や、今も生命倫理的な議論の対象になり続けているES細胞といった〝万能〟細胞＝多能性幹細胞の誕生にも深く関わっていると考える。しかも生権力は、二重に作用している。

前述の加藤秀一は、本章でもこだわっているフーコーの言明、「生きさせるか、死の中に廃棄する」に着目し、その「死の中に廃棄」するという表現について、「今日、実験に用いられた後に捨てられる受精卵ほどその表現にふさわしい存在はないだろう。それを果たして、いかなる意味でも「死」と呼び得るか否かを措くならば(35)」と、留保を付けながらも、鋭く指摘した。

ただ、加藤のいう「実験に用いられた後に捨てられる受精卵」とは、当時実験段階ともいえた体外受精の過程において、子宮に着床させることなく廃棄されることが決まった胚のことである。すなわち、後に「余剰胚」と呼ばれるようになるものである。体外受精によってはからずも生じた余剰胚は、すべて捨てられるわけではない。現在では、幹細胞研究者がこれをＥＳ細胞の材料として利用することもある。ＥＳ細胞の材料として選ばれた余剰胚は、「死の中に廃棄」されるとは言い難い。

むしろある意味では、それらは「死」さえ与えられることなく、「生きさせ」られているともみなせる。そうした余剰胚の姿はＨｅＬａ細胞とも重なる。余剰胚からのＥＳ細胞の作製という過程にも、生権力は着実に働いている。

一九九八年にジェームズ・トムソンがヒトＥＳ細胞を初めて作製したとき、その材料として用いられたのは、体外受精によってつくられたのだが、何らかの理由で子宮に移植されることなく廃棄されることが決まった胚、いわゆる余剰胚である。これは英語圏では、「surplus embryo」とも「spare embryo」とも「extra embryo」とも呼ばれるが、日本語圏では「余剰胚」と呼ばれることが圧倒的に多い。その後、日本を含めて世界中で作製されたＥＳ細胞株も、そのほとんどが余剰胚からつくられている（余剰胚はゲノム編集研究にも活用される）。

余剰胚とは、加藤の見解からも示唆されるように、[36]「人格」や「主体」として「生きさせる」という選択を放棄されて（一回目の生権力行使）、「死の中へ廃棄する」運命が決められた胚のことである。そして余剰胚から作製したＥＳ細胞とは、一度「死の中へ廃棄」されたものから、その純粋な生命力《ヴァイタリティ》のみを抽出し、人格や主体をともなわない、その力のみを「生きさせる」ことによって（二回目の生権力行使）、誕生した存在物である。

付け加えるならば、このことは、最初からES細胞の作製を目的に受精されてつくられた胚や、核移植によってつくられたクローン胚からのES細胞でも同様である。

さらにいえば、余剰胚からのES細胞作製における二回目の生権力行使に関しては、体細胞からのiPS細胞でもほぼ同様といえるだろう。現在、iPS細胞の材料として見込まれているもののなかには、検査や手術などで採取されて、廃棄されることが決められた体細胞がある。いわば余剰体細胞である。

人種主義が入れる「切れ目」

生権力は、フーコーによれば、人々を「生きさせる」と同時に「死の中に廃棄する」ものであった。『知への意志』の刊行年にコレージュ・ド・フランスでなされた講義『社会は防衛しなければならない』では、生権力とは「生き「させる」、そして死ぬに「任せる」権力」であると説明されている。[37] 一読する限りでは、「生きさせる」ことと「死の中に廃棄する」または「死ぬに「任せる」」ことは正反対であり、それらが同時に起こるというのは、矛盾した言明のように思える。[38]

フーコー自身、こうした生権力の謎めいた作用について、問いを立てている。「君主的権力がだんだん後退していき、反対に規律的で調整的な生権力がますます進展してくるとすれば、生命を対象にしてかつ目標とする〔略〕この権力のテクノロジーにおいて、どのようにして殺す権利と殺害の機能が行使されることになるのか？〔略〕このような条件で、どうやったら政治権力に、殺し、死を要求し、死を求め、殺させ、殺せと命令を与え、敵だけでなくみずからの市民をも死に曝すことができるのか？[39]」〔傍点粥川〕

生命を「対象にしてかつ目標とする」生権力が「市民をも死に曝す」ことができる、というフーコーの前提にも注目したい。そのうえでフーコーは「そこに、人種主義が介入してくる」と言う。

人種主義とは何なのでしょうか？　まず、それは権力が引き受けた生命の領域に切れ目を入れる方法なのです。そうやって生きるべき者と死ぬべき者を分けるのです。人間種の生物学的連続体において、諸々の人種が現われ、人種間の区別やヒエラルキーが設けられ、ある人種は善いとみなされ、ある人種が反対に劣るとされるなどして、権力の引き受けた生物学的な領域が断片化されていくことになるでしょう[40]〔傍点原文のママ、傍線粥川〕。

ここで急いで述べなければならないことは、フーコーのいう「人種主義」というものが、たとえばアメリカ合州国や南アフリカ共和国における黒人差別など、「肌の色によって就職や教育の機会などをめぐる待遇を区別すること」、いわゆる人種差別とは限らない、ということである。フーコーのいう人種主義が、結果として、そうした人種差別につながることはありうる。先に論じたように、アフリカ系女性であるヘンリエッタ・ラックスの身体からつくられたＨｅＬａ細胞が人種のメタファーを伴って語られたこと、アフリカ系女性の映画監督シャーレーン・ギルバートがＨｅＬａ細胞に興味を持った理由として自分がヘンリエッタと同じアフリカ系アメリカ人女性であり、自分の先祖はアメリカ合州国が「人肉の取引や購入、販売に参画していた時代を生き延びた」のだと語ったことも、忘れてはならない。

しかしながら、フーコーが講義『社会は防衛しなければならない』で繰り返し論じた「人種主義」とは、「生物＝社会的な人種主義」であり、それによって区別される「別の人種」とは、「よそから来た人種」や「一時の勝利を収め支配した人種」ではない。「人種」とは「唯一の同じ人種が、上位人種と下位人種の二つに分かれたもの」である[41]。フーコーはそうした「国家の人種主義」を「ひとつの社会が自分自身に対して、社会自身の構成要素、社会自身の所産に対して行使する人種差別主義、絶えざる浄化という内なる人種差別主義」と呼ぶ[42]。

すなわち人種主義とは、日本や韓国といった、一見、同じ肌の色の人々だけで構成されている社会においても生じうるものである。

生権力は、生命を「対象とし」、「市民をも死に曝」し、「生きるべき者と死ぬべき者を分ける」。つまり生権力はすべての人々を平等・公平に「生きさせる」わけではない。それは「人種主義」によって、生きるべき者と死ぬべき者との間に「切れ目」を入れ、前者のみを「生きさせ」、後者を死の中に廃棄する。つまり死ぬに任せる。

そうした生権力がバイオテクノロジーにも影響を与えているとしたら――生権力は、いくつもの「切れ目」を入れながら、その資源の供給源を求める。

ヘンリエッタがもし裕福な白人男性であったら、HeLa細胞の歴史はここまで書き綴ってきたような悲劇的なものにはならなかったであろう。

HeLa細胞は、裕福な人々と貧しい人々、白人と黒人、男性と女性、健康な者と病む者との間に切れ目が入れられることによって登場したのだ。

切れ目はいまも入れ続けられている。[43] 人口のレベルで、個々人のレベルで、細胞のレベルで。

こうして生権力の第三形態としての細胞政治が誕生した。細胞政治によって、細胞は時間や空間を越えて生きさせられ、DNAレベルで検査され、選択され、操作されるものになった。HeLa細胞がなかったら、体外受精、遺伝子検査、多能性幹細胞、ゲノム編集を含む遺伝子改変技術といった細胞政治の展開はなかったであろう。

本書は、ＨｅＬａ細胞の子孫である多能性幹細胞、すなわちＥＳ細胞やｉＰＳ細胞、「ＳＴＡＰ細胞と呼ばれたもの」、それらとも深く関係するゲノム編集やミトコンドリア置換といった新しい生技術、そしてそれらを取り巻くルールや倫理についての問題群を考察する。いずれにおいても、曖昧だが操作可能な「切れ目」の存在や潜在性が見えてくるはずだ。第Ⅰ部では主に細胞レベルのテーマを、第Ⅱ部では主に遺伝子レベルのテーマを取り上げる。

さて、考察の開幕にあたっての前口上はやっと終わった。細胞政治はすでに全面展開している。先を急ごう。

第Ⅰ部　人工細胞と人間のインタラクション

第1章　ｉＰＳ細胞には倫理的な問題はない……か？

はじめに

ｉＰＳ細胞（人工多能性幹細胞）がこの世界に登場してからおよそ一〇年が経った（**表3**参照）。二〇一六年八月、京都大学の山中伸弥らがマウスの皮膚細胞からｉＰＳ細胞をつくったことを発表してから一〇年になった。二〇一七年一一月には、山中らと米ウィスコンシン大学のジェームズ・トムソンらが同時に、人間の皮膚細胞からヒトｉＰＳ細胞をつくったことを報告してからやはり一〇年を迎える。

山中が所長を務める京都大学ｉＰＳ細胞研究所（ＣｉＲＡ《サイラ》）は一〇周年記念サイトを設け、新聞各紙は大きな特集を組んでいる。現在、ｉＰＳ細胞の研究がどれくらい進展しており、医療応用の見込みがどこまで見えてきたかについては、新聞やテレビが報じ続けている。

本章ではマスメディアの多くとは少し違った角度からｉＰＳ細胞を論じる。まずｉＰＳ細胞がどのような意味で画期的であったのかをあらためて確認し、そのうえで「ｉＰＳ細胞には倫理的な問題はない」という一般化しているようにも思われる解釈を問い直す。そのことを通じて、今後、ｉＰＳ細胞だけでなく先端医療技術全般を議論するうえでヒントとなるものを浮かび上がらせる。なおこれまでの拙稿と若干の重複があることをご了承いただきたい[1]。

表3 iPS細胞の10年

年	月	iPS細胞に関する出来事	iPS細胞周辺の出来事
2006年	8月	京都大学の山中伸弥ら、マウスの皮膚細胞からiPS細胞作製を報告	
2007年	11月	山中らとJ・トムソンら、ヒトの皮膚細胞からiPS細胞作製を同時に報告	
2008年	10月	山中ら、ウイルスベクターではなくプラスミド（核外DNA）で、ゲノムへの遺伝子挿入なく、マウスの皮膚細胞からiPS細胞作製を報告	
2009年	3月	米研究者ら、ヒトの血液細胞からiPS細胞作製を報告 米研究者ら、プラスミドで、ヒトの皮膚細胞からiPS細胞作製を報告	
2010年	4月	京都大学iPS細胞研究所（CiRA）、設立	
	7月	CiRAの中川ら、がんにつながる遺伝子を使わないiPS細胞作製を報告	
	10月		米ジェロン社、脊椎損傷を対象に、世界で初めてES細胞を使った臨床試験を開始

	11月		米ACT社、目の難病を対象に、ES細胞を使った臨床試験を開始
2011年	4月	CiRAの沖田圭介ら、プラスミドで、ヒトの皮膚細胞からiPS細胞をより効率よく作製する方法を報告	
	10月		米ジェロン社、高コストを理由に臨床試験を中止
2012年	10月	山中、ガードンと共同でノーベル生理学・医学賞を受賞	
	11月	京都大学の倫理委員会、CiRAの「iPS細胞ストック」を承認（2013年度に開始）	
2013年	1月		日本政府、iPS細胞を中心とする再生医療研究に10年間で約1100億円の研究支援を決定
	11月		再生医療の推進や安全確保を目的とする“再生医療関連3法”、施行
	12月	CiRAの沖田ら、プラスミドで、ヒトの血液細胞からiPS細胞作製を報告	
2014年	1月		理化学研究所の小保方晴子ら、酸による刺激だけで体細胞に多能性を持たせた「STAP細胞」を報告
	9月	理化学研究所の高橋政代ら、目の難病を対象に、世界で初めてiPS細胞を使った治療法の臨床試験を開始	
	10月		米ACT社、ES細胞を使った臨床試験で一定の成果を挙げたと報告
	12月		理化学研究所、STAP細胞を再現できないこと、STAP細胞であるとされたものがES細胞である可能性が高いこと、論文には複数の不正があったことを報告
2015年	8月	CiRA、健康な人由来のiPS細胞を研究機関に初出荷	
2016年	6月	理化学研究所、CiRAなど、iPS細胞ストックに備蓄したiPS細胞を使う臨床試験計画を発表	

ｉＰＳ細胞の画期性

ｉＰＳ細胞はどのような意味で画期的だったのだろうか。

ｉＰＳ細胞の登場以前から、自己を複製して増える能力（自己複製能）と体のあらゆる細胞に変化する能力（多能性）を持つ細胞（多能性幹細胞）としては、ＥＳ細胞（胚性幹細胞）がある。ＥＳ細胞は、マウスのものは一九八一年にマーチン・エバンスが、人間のものは一九九八年に前述のトムソンらがつくることに成功したと報告した。ＥＳ細胞は、ｉＰＳ細胞が存在する現時点でもなお、再生医療などに役立つことが強く期待されている多能性幹細胞である。

しかしＥＳ細胞には解決し難い短所がある。一つは技術的な問題である。たとえＥＳ細胞から再生医療に利用できる細胞をつくることができたとしても、それは患者とは異なる遺伝情報を持つので、免疫機能による拒絶反応が起きてしまう可能性がある。もう一つは倫理的な問題である。[2] ＥＳ細胞をつくるためには一人の人間になる可能性を秘めている胚を、どうしても壊さなくてはならない。

拒絶反応という技術的問題を解決するために考え出されたのが、クローン技術と組み合わせるというアイディアだった。つまり、まず患者の体細胞を、核を取り除いた卵子に「核移植」する。そうしてできた「クローン胚」からＥＳ細胞、つまり「クローンＥＳ細胞」[3]をつくる。さらにそれから患者に移植するための細胞をつくれば、それは患者と同じ遺伝情報を持つことになるので、理論的には、移植したときに拒絶反応が少なくてすむ、という仮説である。この仮説は「セラピューティック・クローニング（治療目的のクローン）」と呼ばれることもある。しかしながら、この方法は大量の卵子を必要とすること、そもそも卵子の採取は女性に精神的、肉体的負担をかけざるを得ないこと、卵子を提供する女性には直接的な利益がないこと、したがって直接的な利益を得ることのない女性たちに重い負担をもたらすことなど、多くの倫理的な問題がある。(4)

二〇〇五年に韓国で発覚した「ファン・ウソク（黄禹錫）事件」は、クローンＥＳ細胞をつくることができたと報告されたものの、論文に記された実験結果が捏造・改ざんであったという「研究不正事件」として紹介されることが多い。が同時に、卵子の入手過程における問題も次々と浮上し、ファンらが探求したこの方法には、根本的に倫理的な問題があることを浮き彫りにした事件でもあった。(5)

ｉＰＳ細胞の画期性は、（受精胚由来の）ＥＳ細胞と比較して説明されることが多いが、歴史を踏まえるならば、クローンＥＳ細胞との比較も必要であろう。ついでに、二〇一四年に世間を騒がせた「ＳＴＡＰ細胞（と呼ばれたもの）(6)」も含めて、これまでに登場してきた主な多能性幹細胞の特徴を比較してみると、**表4**のようになる。

手短にいえば、ｉＰＳ細胞は、ＥＳ細胞やクローンＥＳ細胞の技術的な問題や倫理的な問題の多くを克服することができるということだ。理論的には、患者自身の体細胞からｉＰＳ細胞をつくれば、拒絶反応を回避することができる。また体細胞からつくられるため、胚や卵子を必要としない。ｉＰＳ細胞は、そのようなメリットを紹介されながらデビューし、科学の世界からだけでなく一般社会からも歓迎された。

ただしＥＳ細胞やクローンＥＳ細胞の問題を克服したことが、問題がないことを意味するわけではない。

ｉＰＳ細胞の倫理的問題

ｉＰＳ細胞は、教科書やマスコミでは、ＥＳ細胞とは違って倫理的な問題がない、と紹介されることがある。

たとえば『朝日新聞』二〇一六年五月一二日付の「ｉＰＳ10年　進む再生医療・創薬研究、ハードルも」という記事は「ｉＰＳ細胞は、ＥＳ細胞のように受精卵を使う必要がないため、倫理的な問題がなく、つくりやすいことから、再生医療への利用が期待されてきた」と説明する。

しかし、筆者が直接会ったことがある者も含めて、複数のｉＰＳ細胞研究者は「ｉＰＳ細胞にも倫理的な問題はありますよ」と口を揃えて言う。どういうことであろうか。

表4　ES 細胞から「STAP 細胞と呼ばれたもの」まで

	ES 細胞	クローン ES 細胞	iPS 細胞	~~STAP 細胞~~
主な貢献者	M・エバンス	若山照彦	山中伸弥	~~小保方晴子~~
歴史	1981 年 マウス 1998 年 ヒト 2007 年 ノーベル賞	2001 年 マウス 2013 年 ヒト	2006 年 マウス 2007 年 ヒト 2012 年 ノーベル賞	~~2014 年 マウス~~
元	胚	クローン胚（体細胞＋卵子）	体細胞＋遺伝子	~~体細胞＋塩酸~~
つくり方	胚（胚盤胞）の「内部細胞塊」を取り出して培養	体細胞を、核を取り除いた卵子(除核卵)に移植（核移植）し、「クローン胚」をつくる。それから ES 細胞を作製	体細胞に 3 ～ 6 種類の遺伝子を導入	~~体細胞を弱い酸性の溶液に 25 分晒す~~
多能性	広い	広い	広い	~~すごく広い~~
拒絶反応	あり	なし	なし（自家移植または「ストック」由来なら）	~~？~~
胚の破壊	あり	あり	なし	~~なし~~
胚の作出	なし（余剰胚を使えば）	あり	なし	~~なし~~
ジェンダー間でのリスク・危険の配分	平等？	不平等（女＞男）	平等	~~平等~~
同じ遺伝情報を持つ人	存在しない	存在する（体細胞の由来者）	存在する	~~存在する~~
備考	「胚様のもの」をつくることも可能？	2004 ～ 2005 年、ファン・ウソクが成功したと称したが、卵子の「不正」入手と研究不正が発覚。	しばしば「倫理的問題はない」と説明されるが、使い方次第。	否定されたのは小保方氏らの方法であって、遺伝子導入なしで体細胞に多能性を持たせる、というアイディアではないことに注意。

注記：iPS 細胞は患者自身のものもしくはストック（バイオバンク）から患者と免疫拒絶反応を起こさないものが選択されたものを想定。どちらかでなければ、拒絶反応は起きうる（拒絶反応なしというのは、あくまでも理論上のこと）。受精胚由来の ES 細胞のリスク分配については、そもそも体外受精のリスク分配が不平等あることを考慮すれば、不平等とも考えられる。

出典：「人クローン ES 細胞を作製　iPS より異常少ない可能性」（『中日新聞』2013 年 5 月 16 日付朝刊）、「万能細胞 三様の役割 STAP 細胞発見」（『朝日新聞』2014 年 2 月 6 日）など、各種資料を参考に粥川準二作成。

たとえば、ほかならぬ山中伸弥自身は、ヒト・iPS細胞の作製成功を報告した直後の『ネイチャー』の取材に「私たちは新しい倫理的問題を提起しているのです。たぶん悪いものです」[7]と答え、iPS細胞もまた倫理的な問題をもたらす可能性があると言明する。iPS細胞の作製は比較的簡単であり、誰にも気づかれることなく可能であることも、山中が懸念する理由の一つである。

『ネイチャー』はこうまとめている。

山中は、誰かがヒトの生殖細胞である配偶子〔精子や卵子〕を誘導するためにiPS細胞を使う可能性を懸念していた。たとえば、一人の男性に由来するiPS細胞から精子も卵子も誘導することができ、次にそれらを体外受精に使うことができる。その結果は、配偶子の形成中に遺伝子が再集合するため、同一のクローンではない。しかし、それは「奇妙で、危険なものかもしれない」と山中は言う。[8]

つまり少なくとも理論的には、一人の男性の体細胞からiPS細胞をつくり、さらにそれから精子と卵子をつくり、それらを受精させることで、クローンとはいえないものの、奇妙な遺伝的条件を持つ子どもを誕生させることが可能なのである（なお女性にはY染色体がないため精子をつくれないので、同じことは一人の女性では不可能と考えられている）。

山中は同様の懸念を文部科学省の委員会でも述べている。「男性のｉＰＳ細胞からは、精子だけではなくて卵子もできる可能性が少なくともマウスでは示されていますので、こういったことを受精するような試みに対しては、やはり何らかの規制は必要ではないかと[9]」。

二〇一二年に出版された著書（正確には語り下ろし本）でも、山中は「ｉＰＳ細胞には、ＥＳ細胞にない別の問題があります」、「ｉＰＳ細胞技術が、新たな倫理的な問題を引き起こすことはまちがいありません」と強調する[10]。

山中はこの著書で、厳しい規制をかけられているＥＳ細胞は日本人にとってピストルのようなもの、それに対してｉＰＳ細胞はどこでも売っていて誰でも買える包丁のようなもの、とたとえている。つまりｉＰＳ細胞の作製のしやすさ、規制の緩さこそが、倫理的な問題を引き起こしかねないということだ。「ピストルも包丁も他人を傷つけようと思えば傷つけられる力を持っていますが、包丁のほうがはるかに入手しやすいのです[11]」。

山中以外も含めて複数の研究者たちの話を総合すると、さしあたり重要な問題として指摘されているのは、由来やつくり方の問題ではなく、「使い方」の問題である。言い換えれば、ｉＰＳ細胞の元となる体細胞の採取やｉＰＳ細胞作製の段階ではなく、ｉＰＳ細胞を実際に応用する段階で生じる問題である[12]。現在のところ、ｉＰＳ細胞の応用方法のうち主に二種類の研究で倫理的な問題が生じうると指摘されることが多い。

一つは、ヒトのiPS細胞を動物、たとえばブタの胚に注入して、人間に移植することのできる臓器を持つ動物をつくる研究である。現在、その基礎研究が進行中であり、臓器不足を解消できるかもしれない（以下、「キメラ動物作製」と呼ぶ）。

もう一つは、ヒトのiPS細胞から精子や卵子といった生殖細胞――「配偶子」ともいう――をつくり出して、発生や不妊の仕組みを調べる研究である。その成果は、将来的には不妊治療などに役立つかもしれない（以下、「体外配偶子形成」と呼ぶ。山中が指摘していた問題は主にこちらにかかわる）。

キメラ動物作製

キメラとは、もともとはギリシャ神話に出てくる怪物の名前で、生物学では、同じ個体の中に二つ以上の異なる遺伝情報が含まれる状態のことをいう。とくに異なる種の細胞が入り混じっている場合を指すことが多い。異なる種の細胞を含む胚をキメラ胚といい、それが発生して生まれた動物をキメラ動物という。日本の行政用語では、動物の胚に人間の細胞を注入してつくったキメラ胚のことを「動物性集合胚」という。

キメラ動物作製の研究目的としては、ＥＳ細胞やｉＰＳ細胞が実際にどれだけ多様な細胞に分化することができるかどうかを検証したり、人間の病気に近い病態を再現させたモデル動物を作製したりすることも挙げられているが、[13] しばしば取り上げられるのは、ゲノム編集を含む遺伝子改変技術と組み合わせて、人間に移植可能な臓器を持つ動物を作製することである。

移植用の臓器は絶対的に不足しているうえ、脳死者からの臓器摘出には根強い批判がある。動物福祉上の問題は残るものの、人間に移植可能な臓器を得られるならば、一定の支持は得られるかもしれない。

その手順はおおむね以下のようになる（**図１**上参照）。まずゲノム編集など遺伝子改変技術を使って、特定の臓器（たとえば膵臓）を持つことのない動物（たとえばブタ）の胚（正確には胚盤胞）をつくる。次に、その胚にヒトのＥＳ細胞ないしｉＰＳ細胞を注入し、キメラ胚をつくる。そして、そのキメラ胚を動物の子宮に移植し、キメラ動物を出産させる。理論的には、そのキメラ動物の臓器はヒトのＥＳ細胞ないしｉＰＳ細胞に由来することになり、人間に移植することが可能である。

そのための基礎研究も進められている。最近の成果では、たとえば二〇一七年一月、東京大学の中内啓光らが、マウスに移植可能な膵臓を持つラットを作製し、その膵臓を糖尿病のマウスに移植したところ、有効性と安全性を確認できたことを報告した。[14]

具体的にいえば、遺伝子改変技術で膵臓をつくれないようにしたラットの胚に、マウスのES細胞やiPS細胞を移植したところ、それらに由来する膵臓を持つラットが生まれた。その膵臓を、薬剤で糖尿病にしたマウスに移植したところ、そのマウスはその後一年、正常な血糖値を維持した。治療効果まで確かめられたのは初めてだという。中内らは二〇一〇年に今回とは逆、ラットの膵臓を持つマウスを作製することに成功していたのだが、移植に十分な膵臓を得られなかった。今回はマウスより一〇倍大きいラットの体内で、マウスに移植するのに十分な膵臓をつくることができた。

ラットをブタに、マウスを人間に置き換えれば、キメラ動物を使った移植用臓器の作製も現実的なものに見えてくる。

なお中内らは二〇一五年には、ヒトのiPS細胞をマウスの胚に注入する実験を行ったが、キメラ胚の形成は確認されなかったという実験結果を報告している(15)。

当然ながら、キメラ胚やキメラ動物の作製は、しばしば生命倫理的な議論の対象になってきた。澤井努によると、そうした議論の焦点は、キメラ胚作製の「自然さ」、人と動物の境界を越える「道徳的混乱」、「人間の尊厳」の維持可能性、キメラ胚の「道徳的地位」、「動物のヒト化」、動物倫理・研究倫理上の規制のあり方など、きわめて幅広い(16)。

なかでも「動物のヒト化」をめぐる議論が興味深い。動物のヒト化とは、動物の胚に移植した

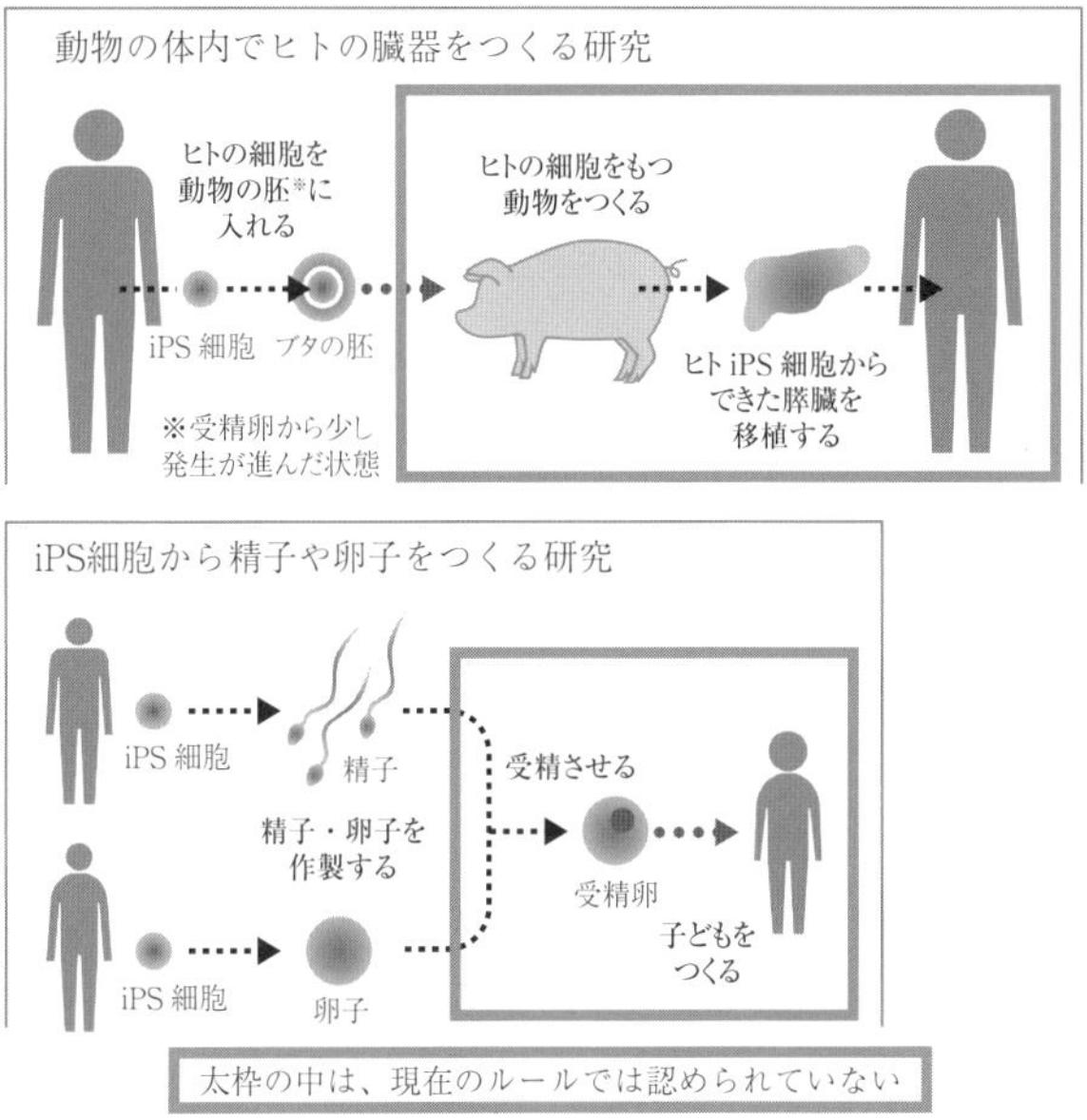

図 1　倫理的問題を生じうる iPS 細胞研究
出典：CiRA 資料および『AERA』2016 年 11 月 28 日号 56 頁を参考に作成。

人間のＥＳ細胞やｉＰＳ細胞が、目的とした臓器以外の部位——とりわけ脳や生殖細胞——にも分化してしまうことによって、動物の一部が人間のものになることである。キメラ動物が人間の認知能力（脳）、生殖能力（生殖細胞）、あるいは容姿を持ってしまうことには、多くの者が懸念を持つだろう（実際には、遺伝子改変などで制御することによって技術的に解決可能だと考えられているというが）[17]。

一般市民のなかにも、人間なのか動物なのかはっきりしない胚や動物をつくることに拒否感を持つ人はいるだろう。自分の細胞が動物の細胞に混ぜられることを嫌がる人も少なくないに違いない。

八代嘉美らが、一般市民がキメラ動物を使う研究についてどのように考えているかを、研究者と比較するアンケート調査を行ったところ、キメラ動物を使う研究を「許される」とした人の割合は、「生物の種類によっては許される」も含めて、研究者では五五・三パーセントであったのに対して、一般市民では二二・六パーセントであった[18]。一般市民の許容度は研究者に比べて低いようだ。一方、再生医療研究そのものを支持する一般市民の率は七八・八パーセントと高く、自分の細胞を提供してもよいと答える率も八七・八パーセントと高かった。

澤井らは、一般市民と研究者が同様の研究についてどのように考えているか、研究プロセスを、ブタ胚へのヒトｉＰＳ細胞の「注入」、ヒト－ブタキメラ動物の「作製」、キメラ動物の臓器（膵臓）の人間への「移植」、という三ステップに分けて、アンケート調査した。その結果、「注入」つまりキメラ胚の作製に関しては、一般市民の八一パーセント、研究者の九二・四パーセントが認められると回答した。「作製」つまりヒトの臓器を持つキメラ動物の創出に関しても、一般市民の六四・五パーセント、研究者の八三・八パーセントが認められると回答した。一方、「移植」つまりキメラのブタの体内にできた人の膵臓を人間に移植することになると、一般市民の四〇・八パーセントが認められると回答したのに対して、研究者の六四・八パーセントが認められると回答した。[19] これらの結果は、先行する調査よりも高い許容度を示しているという。

体外配偶子形成

不妊治療の一環として、精子と卵子を体の外で受精させることを「体外受精（IVF：in vitro fertilization）」というが、精子や卵子を体の外で（ES細胞やiPS細胞から）つくることを「体外配偶子形成（IVG：in vitro gametogenesis）」という（図1下参照）。

体外配偶子形成の研究目的としては、精子や卵子をつくれない男女のための生殖補助医療のほか、生殖細胞の形成や機能のメカニズム解明が挙げられることが多い。そのほかにも、がん治療などで生殖能力を失った患者のために精子や卵子をつくること、母親から遺伝するミトコンドリア病の回避、体外受精における排卵誘発剤の負担回避、クローン胚作製に必要な卵子作製、そして同性愛者など性的マイノリティが利用する生殖補助医療などにも役立つことが見込まれている。

最近の成果としては、二〇一六年一〇月、九州大学の林克彦らが、マウスのES細胞や、尻尾の細胞からつくったiPS細胞から、卵子や精子のもとである「始原生殖細胞」をつくり、さらにそれから卵子をつくることに成功したと報告した。この卵子を受精させて子どもをつくることにも成功した[20]。世界で初めて、実験室での培養だけで卵子をつくることができたのである。

人間でも、ヒトiPS細胞から始原生殖細胞とみられる細胞をつくることまでは、CiRAの斎藤通紀らが二〇一五年七月に成功を報告している[21]。

つまり「体外配偶子形成」の実現は間近かもしれない。不妊に悩むカップル、がん患者、ミトコンドリア病患者、同性愛カップルにとっては朗報になりうる。ただし、独身者や同性愛カップルがこの技術を利用して子どもをつくることに対しては、否定的な意見もあるかもしれない。

ハーバード大学の有名な幹細胞研究者ジョージ・Q・デイリーらは、IVGには解決すべき問題が少なくとも五点あることを指摘する[22]。

第一に、安全性についての懸念があること。精子や卵子が形成される過程で、それらの遺伝子の機能に異常が生じる可能性がある。霊長類を含む哺乳類での前臨床試験が必要になるだろう。

第二に、臨床応用に至るまでの研究の過程では、おびただしい数の胚がつくられ、そしておそらく廃棄される可能性があること。ＥＳ細胞や人工妊娠中絶に対する非難と同様の非難を招くおそれがある。また、「生殖の商品化」を促すという懸念もあり、実用段階においては、少なくとも精子バンクや卵子バンクに適用されているものと同様の規制が必要になるだろう。

第三に、「ヒューマン・エンハンスメント（人間の能力強化）」ないし「デザイナー・ベビー」につながりうること。多くの精子や卵子をつくることができるため、それらから受精に使う精子や卵子を選択することで、親にとって「理想的な子ども」をつくりやすくなる。さらにゲノム編集と組み合わせることによって、その懸念はより高まるだろう。「規制当局は、有害な病状を終わらせる改変と優生学との間に線を引くという難しい決定を強いられる[23]」。

第四に、本人に「無許可で」子どもをつくることができること。極端にいえば、ハリウッドの映画スターが高級ホテルに宿泊した後、枕やシーツに残った細胞を盗み、それから子どもをつくり、彼に認知を迫るような者が出てくるかもしれない。「遺伝学的な親にならない権利」も検討されるべきかもしれない。

そして最後に、「最も破壊的なインパクト」として、「親子関係（parentage）」という概念を大きくゆるがす可能性があること。少なくとも理論的には、たとえば男性一人と女性二人の「トリオ」が、三人すべての遺伝情報を受け継ぐ子どもをつくることができる。男性と女性Ａから精子と卵子を採取する。それらを体外受精させてつくった胚からＥＳ細胞をつくる。そうしてできた

ES細胞から体外配偶子形成によって精子をつくる。一方で、女性Bから卵子を採取する。それらを受精させれば、生まれてくる子どもは三人分の遺伝情報を持つことになる。この場合、たとえば「親権」は三人に等しく配分されるのか、それとも子どもに受け継がれた遺伝情報の割合に応じるのか。西欧社会の一部で認められつつある「複数愛《ポリアモリー》(polyamory)」などを前提とすれば、こうした「複数親(multiple parenting)」も検討しておく必要があるかもしれない。[24]代理出産など既存の生殖補助医療技術と組み合わせることで、この懸念はさらに複雑化する。

なお京都新聞社が二〇一六年末に行った意識調査では、ヒトのiPS細胞から生殖細胞をつくることに関しては、一般市民の七五パーセント、研究者の九六パーセントが認めると回答した。許容度は研究者のほうがやや高い。一方、ヒトのiPS細胞からつくった生殖細胞で子どもを誕生させることに関しては、一般市民の七一パーセント、研究者の五六パーセントが認めると回答した。一般市民よりむしろ研究者のほうが慎重な態度を示している。[25]

iPS細胞と「生きている人」

筆者としては、iPS細胞の元となる体細胞の提供者の意思を尊重することも重要だと考える。自分の体細胞からつくられたiPS細胞が動物の胚に注入され、一部ではあるものの遺伝情報が自分と同じ細胞を含む動物が生まれてくることに嫌悪感を持つ者もいるだろう。その一部が認知能力（脳）、生殖能力（生殖細胞）、そして容姿[26]にかかわるならば、なおさらに違いない。武藤香織が、二〇一二年一二月六日の内閣府の生命倫理専門調査会で発表した意識調査の結果によると、「人間の臓器を有する動物作製にあなたの細胞を利用」することについて、「許されない」と答えた一般市民は五五・六パーセントで、「構わない」または「場合によっては構わない」と答えた二〇・八パーセントを大きく上回った[27]。

また自分の体細胞からつくられ、遺伝情報が自分と同じｉＰＳ細胞から精子や卵子をつくったり、それらを受精させて胚をつくったりすることについても、抵抗感を持つ者がいるはずだ。

こうした懸念は研究自体の是非とは別である。体細胞を提供した者たちの意思を踏みにじることが、非倫理的であることは論を俟たない。ｉＰＳ細胞の倫理的な問題は、それが胚を破壊してつくるＥＳ細胞とは違って、生きている人間と同一の遺伝情報を持つことによっても生じる可能性がある、ということだ。より慎重に取り扱うべきであることは明らかであろう。研究を推進するとしても、体細胞提供者の意思が踏みにじられない規制体制の構築と社会的コンセンサスの形成が不可欠である。

受精卵や胎児は同意できない

また、ある研究者に注意されたことだが、我々はこうした先端医療技術の問題点を議論するさい、個々の技術がはらむ問題ばかり探求しがちである。しかし、先端医療技術全般に共通する問題のことも忘れてはならない。

たとえば、こうした医療技術は、臨床応用が開始されてもおそらくは高額になる。理化学研究所は二〇一四年に加齢黄斑変性という目の疾患に対して、iPS細胞を使った臨床試験を実施したが、それには約一億円の費用がかかったと伝えられている。[28] この治療の有効性や安全性が将来確認されたとしても、費用がこのままでは実用化できるとは思えない。仮に、国内の「自由診療」を謳う富裕層向けクリニックが、あるいは規制の緩い国々の同様なクリニックが、この治療をサービスとして提供開始したとしたら、高額を払って恩恵を得られる患者と得られない患者との間で不平等が生じるだろう。

現時点で実際に起きているのは、内外のクリニック――「幹細胞クリニック」と呼ばれることもある――が「幹細胞治療」と称して、実際には有効性も安全性も科学的根拠がまったくない治療を提供するようなことだ。日本国内でも健康被害や訴訟が起きている。[29] 日米欧各国は規制体制を築き始めているが、規制の緩い国々のクリニックがこの技術をサービスとして提供し、規制の厳しい国の人々がそれを目当てに渡航――メディカルツーリズム――し、結果として健康被害を受けることなどは、防ぎにくいだろう。

このことは今後、幹細胞分野だけでなく、ゲノム編集分野でも問題になる可能性――「ゲノム編集クリニック」の登場？――がある。

そして、体外配偶子形成で生まれてくる子どもたちは、微妙な条件を持たされて生まれることもありうるが、彼らはそのことに同意をすることができない。

米国のＮＰＯ「生命倫理文化センター」が二〇一四年に製作したドキュメンタリー映画『代理出産　繁殖階級の女？』では、代理出産の経験者の語りが数多く紹介されている。

この映画では、ある代理出産経験者が「代理母は人間ではなく、孵化器と見なされています」と話す。筆者にとって、その発言と同じぐらいショックだったのは、代理出産で生まれてきた子ども自身（現在は成人）が、自分は金銭で取引された結果ではないか（大意）、という自分の思いを告白する場面であった。

代理出産だけでなく、人工授精、体外受精、出生前診断、受精卵診断、ミトコンドリア置換（三人親体外受精）、体外配偶子形成、生殖細胞系ゲノム編集といった、生殖にかかわる医療技術に共通する問題は、「生まれてくる子どもは、同意をすることができない」ということである。

治療や研究について医師や研究者から十分な説明を受けて、患者や被験者がそれに同意することを「インフォームドコンセント」という。出産にかかわる医療技術においては、インフォームドコンセントをできるのは親だけである。受精卵や胎児には不可能である。

こうした問題は精子提供による人工授精（ＡＩＤ）において、すでに指摘されていたはずだ。ＡＩＤで生まれた当事者たちの証言は書籍にもなっている[30]。

ドイツの社会学者ユルゲン・ハーバーマスは早くも二〇〇一年の段階で、次世代に伝わる遺伝子改変を例に、親の意図を受けて生まれてきた子どもにおいては、

> 〔略〕自分の意図と〔自分にプログラムした〕他者の意図とが調和することが保証されていると確実に言えないかぎりは、不協和音のケースが生じる可能性を否定できない[31]。

と指摘していた。

今後、前述したもの以外にも出産にかかわる技術が次々登場し、臨床応用されると思われるが、これから生まれてくる者たちへの配慮は、原理的に困難である。社会はこの難問を解決して、不協和音を低減できるのだろうか。

第２章　ＳＴＡＰ細胞事件が忘却させたこと

はじめに

本章の原型になった論考を執筆中、『ネイチャー』誌が「ＳＴＡＰ細胞」作製を報告した論文二本を撤回したというニュースが流れてきた。では、本章を執筆したり、読んだりする時間は無駄なものになるのだろうか？　いや本章は、そうしたあまりにも早い出来事の推移によって、忘却され、風化されてしまうことの価値を救出するものであり、本章を執筆し、読むことは、それ自体が忘却や風化に抗うことだと筆者は信じている。

＊＊＊

「劇場型犯罪」というように「劇場型〜」あるいは「劇場的〜」という言葉をよく見聞きする。

理化学研究所の小保方晴子・研究ユニットリーダーらによる「STAP細胞」作製成功の華々しい報告と、その後に続くインターネット上での「不正」の指摘、それに応じた関係者らの記者会見の連続、そして論文の撤回に至る一連の出来事は、まさに劇場的であり、それらすべてをまとめて「事件」と呼ぶことにそれほどの問題はないだろう。とりわけ、「STAP細胞はありますか?」と問われた小保方晴子が、「STAP細胞はあります!」と叫ぶようにいった二〇一四年四月九日の記者会見は、しらけるほど劇場的であった。

筆者はこの「事件」の関係者らによる会見のほとんどを、現場に出向いて、あるいはインターネットを通じて傍聴し、少数ながら専門家にもインタビューして、複数の記事を書いた[1]。その経緯で、この「事件」が提起したことは多いのだが、同時に、忘却させてしまったことも少なからずあるではないかと考え始めた。つまり、本来ならば深く議論されなければならないはずだったのだが、事件の論点があまりにも幅広く存在するため、どうしても優先的に議論されることが限られてしまい、そのために忘却させられてしまった論点、現在も手つかずのまま保留されている論点もあるのではないか、と。

本章では、そうしたSTAP細胞事件がはからずも忘却させてしまった論点を、いつかまた本当に新たな〝万能細胞〟なるものが登場したときのために、そして、残念ながら近日中に生じるであろう、事件の風化に抗うために、書き留めておきたい。

図2　「STAP現象の検証」（再現実験）について報告する理化学研究所（2014年12月19日）

STAP細胞事件では、「研究不正の有無」と「再現性の有無」が同時に問われた。両者は別々の問題だが、しばしば混同された。写真の記者会見で、再現性がないことが理研によって確認された（その内容は後に2本の論文にもまとめられた）。約1週間後、理研は再び記者会見を開き、研究不正が新たに2点あることを確認した（同年4月に確認された2点に加えて合計4点が認定された）。

STAP細胞とは何か?

STAP細胞作製を報告した論文が撤回されてしまったいまでは、無駄な問いに思えるかもしれないが、STAP細胞とは何だろうか? いまの段階でより正確にいうならば、STAP細胞と称されたものは何だったのか? それを確認するために初期の報道をあらためて振り返ってみると、そこでは、いまではほとんど忘却されてしまった論点が、わずかながらも提起されていたことがわかる。

たとえば、イギリスの科学雑誌『ニューサイエンティスト』は、STAP細胞の作製成功が初めて公表された段階で、通常の署名入り取材記事[2]と無署名の論説[3]を掲載している。その内容は、論説の「幹細胞のブレークスルーがクローン戦争を再開させる」という見出しからもわかるように、日本国内の報道とはかなり雰囲気が異なる。

英語圏のメディアでは、いわゆるサイエンス・ウォーズの影響であろうか、しばしば「論争」を「戦争(wars)」という比喩で語る。クローンをめぐる論争は「クローン・ウォーズ」と呼ばれ、幹細胞をめぐる論争は「ステムセル・ウォーズ」と呼ばれる。それほどそれらをめぐる論争は苛烈であるということなのであろう。「戦争」という言葉を含む同誌の記事もまた、よくも悪くも挑発的かつ刺激的なものである。

以下、同誌を含む各種報道記事や理化学研究所のプレスリリース、そして『ネイチャー』に掲載された論文二本[4]にもとづき、まずはＳＴＡＰ細胞について、小保方を含む著者らが行い、成功したと称したことを愚直に概観してみる。

が、この幻の細胞を歴史的に位置づけるために、その背景から見てみよう。

一九九八年、アメリカの研究者ジェームズ・トムソンらは世界で初めて、ヒトのＥＳ細胞（胚性幹細胞）の作製に成功したことを発表した。この細胞は日本では「万能細胞」と呼ばれた。

「幹細胞」とは、身体を構成するさまざまな細胞のもとになる細胞のことで、二つの特徴がある。一つは増え続ける能力、すなわち「自己増殖能」である。「不死性」と呼ぶこともある。もう一つはさまざまな細胞へと変容する能力、すなわち「多分化能」である。こちらは「多能性」と呼ばれることのほうが多い。多能性の広さは幹細胞によってさまざまである。多能性とよく似た言葉として「全能性」というものもある。奇妙なことに、このような専門用語の定義は著者によって、あるいはそのテキストが書かれた時期によって微妙に異なるのだが、最近では、理論的には胎盤を除くすべての細胞へと変容（分化）できることを「多能性（pluripotent）」と表現し、胎盤を含むすべての細胞へと変容できることを「全能性（totipotent）」と表現することが多いようだ。本章でもとりあえずそのように記していく。

ＥＳ細胞はその名前の通り、胚に由来する「多能性幹細胞」であり、病気や事故などで細胞の機能が失われた患者に、幹細胞からつくった新しい細胞を移植するという医療技術、いわゆる再生医療の手段として役立つと期待され、注目を集めた。しかしながら周知の通り、ES細胞は、一人の人間となる可能性があり、「生命の萌芽」とも呼ばれる「胚」を壊さなければ得ることができない。このことは、厳格なキリスト教徒をはじめ生命の始まりを受精の瞬間からと考える人々から激しい反発を招いた。

そうしたES細胞の弱点を克服するために登場したのが、いうまでもなく、京都大学の山中伸弥らが二〇〇六年にマウスで、二〇〇七年にヒトで作製を報告したiPS細胞(人工多能性幹細胞)である。iPS細胞は体細胞からつくる多能性幹細胞である。山中らは皮膚の細胞に、後に「山中ファクター」と呼ばれる四つの遺伝子を、ウイルスを使って組み込むことにより、分化が終わった成体の体細胞を「初期化」して、胚のような多能性を持たせることに成功した。iPS細胞は「新型万能細胞」とも呼ばれた。

この成果は世界的に賞賛された。周知の通り山中は、細胞の初期化に初めて成功したジョン・ガードンとともに、二〇一二年にノーベル賞を受賞することになる。

iPS細胞の登場によって、幹細胞をめぐる倫理的な問題は一見、技術的に解決されてしまったかのような雰囲気が醸し出された。しかしそれは錯覚で、iPS細胞にも倫理的な問題——筆者がより適切だと考える表現ではELSI(エルシー:倫理・法律・社会的問題)——は後述するように少なからずあるのだが、いまは措く。

その後も、ｉＰＳ細胞以外にも多能性を持つ細胞を見つけるための努力が世界中の研究室で続いた。

そして二〇一四年一月二八日、理化学研究所の小保方晴子・研究ユニットリーダーらが、細胞のＤＮＡに手をつけることなく、それを初期化して多能性を持たせる方法を開発したと記者会見で発表した。その方法は、細胞を短時間酸性の状態に置くだけ、というきわめて簡単なものであることが、科学の世界に衝撃をもたらした。これが三番目の「（新型）万能細胞」とも呼ばれたＳＴＡＰ細胞である。

小保方らのアイディアは「植物界で見られる現象に由来する」と、『ニューサイエンティスト』は書く。「ドラスティックな環境ストレスは、通常の細胞を未成熟な状態へと変容させることができる。その状態から新しい植物全体が育つことができる。たとえばある種のホルモンの存在は、成熟したニンジンの細胞一つを新しい植物〔ニンジン全体〕へと変えてしまうことが知られている[5]」。

小保方らは、このプロセスが哺乳類で起こりうるかどうかを調べるために、Ｏｃｔ‐４という多能性細胞においてのみ見られるタンパク質が存在すると緑色に光るタンパク質「ＧＦＰ」の遺伝子を、生まれつき持つように遺伝子操作したマウスを使った。彼女らは、このマウスが一週齢

（生まれて一週間）のとき、その脾臓の血液を採取し、それからリンパ球を分離した。そしてそれらをさまざまなストレスに暴露させた。

彼女らはその過程で、ひとかたまりの細胞を酸にさらした。酸性／アルカリ性を示す単位「pH」でいえば五・七、時間は三〇分である。

その細胞を実験室で培養し、観察し続けたところ、いくらかは死んだ。しかし二日目には、いくつかの細胞が緑色に光り始めた。このことは、それらがＯｃｔ－４をつくっていることを意味する。七日目には、生き残っている細胞の三分の一から二分の一が多能性の目印（マーカー）となるこの特徴を示した。そのほかの多能性を示す遺伝学的マーカーも見られた。その多くはＥＳ細胞でも見られるものである。ｉＰＳ細胞では、この段階に到達するまで四週間はかかるという。

研究チームは、このＯｃｔ－４を発現する細胞が本当に多能性を持つかどうかを確かめるために、それをマウスの皮下に注入した。すると、それは「テラトーマ」という胚のような腫瘍を形成し、三種類の「胚葉」をつくった。神経細胞などになる外胚葉、筋肉細胞などになる中胚葉、腸管上皮などになる内胚葉である。この三つの胚葉を形成するということは、身体を構成するすべての組織をつくり出す能力を示唆する。

またチームは、新しくできた細胞をマウスの胚に注入し、注入された細胞を全身に持つ「キメラマウス」へと発生させた。これらキメラマウスはその後、Ｏｃｔ－４の発現が認められる細胞を含む子どもを生んだ。つまり、この細胞が精子や卵子といった生殖細胞を含む身体すべての細胞に分化する能力を持つことが示されたのである。

さらにチームは、ほかの細胞でも同じようなことが起こるかどうかを調べた。そのため一週齢のマウスの脳や皮膚、筋肉、脂肪、骨髄、肺、肝臓、心筋などの組織を酸に浸した。その効率はさまざまではあったが、同じことはそれぞれの細胞で起こったという。

小保方らは、この新しい細胞を「刺激惹起性多能性獲得細胞」、略して「ＳＴＡＰ細胞」と名づけた。

また、ＳＴＡＰ細胞それ自体は、容易には増殖しない。研究チームはＳＴＡＰ細胞をさまざまな成長因子とともに培養したところ、それらが変化を起こし、染色体異常を起こすことなく、急激に増殖できるようになることを確認した。彼女らはこのわずかに改変された細胞を、「ＳＴＡＰ幹細胞」と名づけた。

ＳＴＡＰ細胞を胚盤胞へ注入してキメラマウスを作成する実験の過程で、この細胞が胎児の組織だけでなく、胎児に栄養を供給する胎盤にも分化することもわかった。ＥＳ細胞やｉＰＳ細胞は、胎盤には分化しないことが知られている。

胎盤にも分化できるというＳＴＡＰ細胞に固有の特徴を、『ニューサイエンティスト』をはじめとする英語圏のニュースメディアは見逃さなかった。

ＳＴＡＰ細胞のＥＬＳＩ（倫理・法律・社会的問題）

筆者がＳＴＡＰ細胞作製成功の初報を知ってまず考えたのは、この細胞には、技術的問題以外にどのような倫理的問題――できればＥＬＳＩ（倫理・法律・社会的問題）と呼びたい――が生じうるだろうか、ということであった。

第一に、ＳＴＡＰ細胞は体細胞からつくられるということから、同じく体細胞からつくられるｉＰＳ細胞の抱える倫理的問題がほぼそのまま共通するであろう。第二に、ＳＴＡＰ細胞はｉＰＳ細胞（やＥＳ細胞）と違って、胎盤にも分化するということから、それ特有の問題が生じるかもしれない。

その両方を検討してみよう。

①ｉＰＳ細胞と共通する問題

ｉＰＳ細胞は、体細胞からつくられるので、胚（受精胚やクローン胚）からつくられるＥＳ細胞に比べて倫理的問題は起こりにくい、と考えられがちである。しかしながら、そう考えるのは、少なくとも現時点ではナイーブすぎる。

iPS細胞やそれから分化させたものに行われることのなかで、倫理的懸念をもたらすものとしては、⑴ゲノム・シーケンス（塩基配列決定）、⑵遺伝子の改変、⑶（胚を含む）ヒトへの移植、⑷（胚を含む）動物への移植、⑸生殖細胞への分化およびその利用、⑹脳神経細胞への分化およびその利用、⑺複数の研究者・機関による細胞株の共有、⑻研究成果の知的所有権含む経済的利益の発生、などが挙げられる。

これらすべてをここで検討することは困難だが、ここではフィンランドのタンペレ大学の循環器専門医カトリーナ・アルト・セタラらの見解(6)を参考として、管見をごく簡単に述べてみたい(7)。

おそらく重要になるのは、iPS細胞のもととなる体細胞の提供の時点ではなく、それ以降の時点であろう。比較的わかりやすいところでは、ゲノム・シーケンスは、プライバシーをめぐる懸念を引き起こすかもしれない。ゲノムには、その細胞の提供者＝由来者が誰の家族であるか、どのような病気になる可能性があるか、といったセンシティブな情報が書き込まれている。配慮に値するのは当然であろう。

iPS細胞の応用において、とくに二種類のものが論争を呼ぶ可能性が高い、とアルト・セタラらは推測する。第一に移植にかかわるものであり、第二に生殖にかかわるものである。どちらも体細胞の提供者がそれらを認めないことがあると予想されるからである。また、どちらもiPS細胞とは関係なく、現時点ですでに、明確なインフォームドコンセント（情報を得たうえでの同意）が求められる分野であるからである。

ｉＰＳ細胞から分化誘導した細胞の移植は、通常の臓器や組織の移植とは異なる。ｉＰＳ細胞をつくるためにそのもととなる体細胞を入手することは、侵襲性が比較的低い。したがって提供者にかかる負担という意味では、問題は少ないかもしれない。しかし、自分に由来する細胞が他人の身体の一部になることを望まない人もいるだろう。

また、人間に移植することができる臓器の作成を目的にして、動物胚にｉＰＳ細胞を注入し、キメラ動物をつくるというアイディアもある。しかし体細胞の提供者のなかには、宗教的信念などを根拠に人間と動物との混ぜ合わせに反対する者もいるかもしれない。

ｉＰＳ細胞からは（ＥＳ細胞も同様なのだが）、精子や卵子を分化させることが可能である。このことは不妊治療にもその研究にも有益になりうる。その精子や卵子は、そのｉＰＳ細胞のもとである体細胞の提供者と同じ遺伝情報を持つことになる。提供者のなかには、そのような精子や卵子を、体外受精や単為発生（処女生殖）、雄性発生など生殖やその研究に使うことを不快に思う人もいるだろう。

一方で、ＥＳ細胞では胚を壊したり、壊すことを前提につくったりすることが問題とされる。ｉＰＳ細胞から精子や卵子をつくることができれば、当然ながら、それらから胚をつくることも技術的には可能である。胚やＥＳ細胞に「道徳的地位」を認めるのだとすれば、それをつくるものをつくるもの（＝ｉＰＳ細胞）にも、胚と同じとまではいかなくても、それに準じる「道徳的地位」があると考えるのは不可能ではない。

また理論的には、一人の人間の体細胞からｉＰＳ細胞をつくり、それからさらに精子と卵子の両方をつくり、それらを受精させて一人の人間を誕生させることもできる。クローンではないが、何か奇妙な、クローン的なことが可能になるのである。

以上をやや強引にまとめるならば、ｉＰＳ細胞の倫理的問題は、それが通常の、つまり受精胚由来のＥＳ細胞とは違って、現在も生存している個々の人間と同じ遺伝情報を持つことによって生じる可能性がある。いい換えれば、受精胚由来のＥＳ細胞と同じ遺伝情報を持つ人間は存在しないことに対して、ｉＰＳ細胞と同じ遺伝情報を持つ人間は存在する、ということである。[8] より慎重な取り扱いが必要となることは明白であろう（再度第1章を参照されたい）。

そして、もしＳＴＡＰ細胞は人間の体細胞からつくることができるのであれば、ｉＰＳ細胞と共通する問題を持つことになる。小保方らが当初主張していたように、ＳＴＡＰ細胞はその作製効率においてｉＰＳ細胞を上回るのだとしたら、その取り扱いには少なくとも同等かそれ以上の慎重さが必要になるはずである。

②STAP細胞に特有な問題

続いてSTAP細胞特有の問題を検討しよう。胎盤にも分化できるというSTAP細胞に固有の特徴をめぐる論点である。

前述した『ニューサイエンティスト』の記事には、小保方晴子とともに研究を行ったハーバード大学のチャールズ・ヴァカンティ以外にも、複数の著名な幹細胞研究者がコメントしている。それらには、誇張を疑わせるものもあるが、同時に不安を喚起させるものもある。たとえば——

「このチームは、胚性幹細胞〔ES細胞〕のような多能性（pluripotent）細胞をつくっただけではありません」と、ケンブリッジ大学のジョセ・シルヴァはいう。「彼らは全能性（totipotent）細胞をつくったように見えます」。このことが意味するのは、この細胞は多能性細胞よりもさらに可塑性のある状態へと巻き戻された、ということである。簡単に操作することができるという意味でもある。(9)

STAP細胞は、日本語では「刺激惹起性多能性獲得細胞」というように「多能性細胞」ということになっているが、「全能性細胞」と呼ぶこともできるのではないか、ということである。

全能性細胞として知られているものは、受精後の受精卵やほんの数回の細胞分裂をした細胞のみである、と同記事は指摘している。

また、幹細胞研究のトップを走るベンチャー企業の研究者のコメントはもっと不穏である。

「〝全能性の〟という言葉は、あらゆる問題を提起します」と、マサチューセッツ州マーボローにあるアドバンスド・セル・テクノロジー社のロバート・ランザはいう。「もしこれらの細胞が本当に〝全能性〟のあるものならば、そしてそれらが人間でも再現可能で、子宮に移植することができれば、人間そのものになる可能性があります。その時点で、中絶反対派に囲まれた泥沼（right-to-life quagmire）に入ることになります[10]」。

ある細胞が、胎盤を含むすべての細胞に変容する能力を持つことと、一つの個体に発生する能力を持つということは、必ずしもイコールではないと思われるが、ランザは前者があれば後者もある可能性を否定できないということを述べている。であるとするならば、「胚とは何か？」、「生命の始まりはいつからか？」といった生命倫理上、古典的な問いがＳＴＡＰ細胞にも投げかけられるはずである。ＳＴＡＰ細胞に胎盤を含むすべての細胞に変容する能力や一つの個体に発生する能力があるならば、厳格なキリスト教徒をはじめとする生命の始まりを受精の瞬間と考え、人工妊娠中絶やES細胞研究に反対する人々は、STAP細胞研究に反対してもおかしくはない。STAP細胞研究を推進するならば、少なくとも、彼らの疑問や批判に答え、説明を尽くす必要がある。

『ニューサイエンティスト』は、真偽不明の実験をヴァカンティらが行ったことを、ヴァカンティ自身のコメントを通じて紹介している。

ヴァカンティは、共同研究者らにこの実験をさらに進めるよう依頼した、とわれわれに教えてくれた。ヴァカンティによれば、その研究者らは白血球からSTAP細胞をつくり、それらを増殖させて球状の集まりにし、そのうち一つを、大人のマウスの子宮に直接移植したという。『ニューサイエンティスト』はこの手順を確認できていない。ヴァカンティが言うには、自分の理解ではこの細胞の集まりは胎児へと育つ、ということだ。一方、小保方は直接的なクローニングはまだ試みられていない、と言う。ヴァカンティが名前を出した共同研究者は、われわれのコメントの求めに対してまだ返事をしていない。(11)

もしこのアプローチがうまくいけば、「世界で最初の完全なクローン胚の作出を意味することになるだろう」と同誌は書く。今日までに世界中で誕生してきたクローン動物は、ヒツジの「ドリー」を含めて体細胞の核移植によってつくられている。核移植では、染色体DNAを含む核を取り除いた卵子（除核卵）に、クローンしたい動物の体細胞もしくはその核を注入（核移植）する。体細胞を核移植された卵子は細胞分裂し、やがて胚盤胞すなわち「クローン胚」を形成する。クローン胚は代理出産を行う雌の子宮に移植され、やがて誕生するのがクローン動物である。その体細胞の核にある染色体DNAは、体細胞が由来する動物と同じ遺伝情報を持つことになるが、そのミトコンドリアDNAは、卵子が由来する動物と同じものとなる。そのため——

「ドリーのようなクローンは、実際には、完全なコピーではありません」とヴァカンティはいう。「われわれのテクニックを使ってある細胞をクローンするときには、卵子は存在しません。それゆえよけいなミトコンドリアDNAはありません。胚と胎盤はあります。それはオリジナルの完璧なコピーなのです(12)」

幸いなことに（?）、ヴァカンティによれば「このクローンマウス胎児の多くは妊娠過程の半ばで発生を止めた」という。「何らかの問題があります。もしわれわれが生きたクローンをつくることができたら起こるであろう倫理的な問題を考えれば、おそらくよいことです」と彼はコメントしている(13)。

いうまでもなく、小保方やヴァカンティらが研究目的として描く将来像は、クローン人間ではなく再生医療である。

しかしながら、『ニューサイエンティスト』は無署名の論説において、ヒツジのドリーのときと同じように、〝一匹狼（maverick）〟の科学者たちが現れるであろう、と警告する。(14)

一九九七年にイギリスのイアン・ウィルムットらが体細胞核移植によって、世界初のクローン哺乳類であるヒツジのドリーを誕生させたことを公表すると、世界中で「クローン人間をつくることは許されるのか？」という議論が巻き起こった。専門家を含む多くの人々が、それへの反対や懸念を表明した。にもかかわらず、多くの読者は忘れているかもしれないが、二〇〇一年から二〇〇二年にかけて、イタリアの産婦人科医セベリノ・アンティノリや「ラエリアン・ムーブメント」と呼ばれる団体などごく少数の者たちが、クローン人間を誕生させることを表明したり、証拠はないものの実際に誕生したと発表したりして、多方面からの非難を浴びた。その後、騒動は自然に消滅した。二〇〇九年には、またアンティノリがクローン人間を誕生させたと発表したが、多くの者は相手にせず、大きな騒ぎにはならなかった。

『ニューサイエンティスト』の論説は、再び〝一匹狼〟の科学者たちがＳＴＡＰ細胞を、クローン人間を誕生させるために使うかもしれないことに懸念を表明している。

このテクニックがクローニングに利用できてもできなくても、その表面的な簡単さによって、〝一匹狼〟たちが、人間をクローンするという耳目を集める計画を抱えて再び現れることは明らかである。あるいは、クローン人間であると主張する赤ちゃんを伴って現れる可能性さえある[15]〔傍点粥川〕。

幸いなことに、『ニューサイエンティスト』の懸念は、周知のように小保方晴子らの論文に多数の不正が見つかり、論文が撤回されたことによって（**表5**参照）、とりあえずは無用なものとなった。しかしながら、そうした懸念が表明されたことをあえてここに書き留めておくことには何らかの意味があるだろう。

〝クローン／ステムセル・ウォーズ〟の再開？

STAP細胞事件が忘却させてしまったことは、もう一つある。

この事件がマスコミ報道やインターネットを通じて加熱する一方で、複数の研究者がヒトクローン胚からES細胞を作製することに成功した。だが、すでにiPS細胞があるためか、STAP細胞事件の影に隠れてしまったためか、あまり注目されていない印象がある。しかしながらこの件について生命倫理的、ＥＬＳＩ的な議論をする価値は十分にある。
クローン胚からつくったＥＳ細胞は、日本のマスコミでは「クローンＥＳ細胞」と呼ばれることが多い。分化した体細胞を、核を取り除いた卵子（除核卵）に移植（核移植）することによって初期化し、そうしてできた「クローン胚」からつくったＥＳ細胞を意味する言葉である。体細胞と同じ遺伝情報を持つ。患者の体細胞からクローンＥＳ細胞をつくり、さらにそれから治療に役立つ細胞をつくることができれば、理論的には、それを患者に移植しても免疫拒絶反応は起きにくいことが推測されている。このアプローチは、英語圏では「セラピューティック・クローニング（治療を目的とするクローン）」と呼ばれることが多い。クローン人間づくりを意味する「リプロダクティブ・クローニング（生殖を目的とするクローン）」と対比させた言葉である。ある時期までは、世界中の研究者がその成功を目指していたアプローチである。[16]
周知の通り、韓国のファン・ウソクらはこのアプローチを目指し、ある地点まで成功したと称したが、いうまでもなく、その成果がすべて「捏造」であったことが発覚した。[17] その過程で、このアプローチは大量の卵子を必要とするため、女性に対して肉体的・精神的な負担を多くもたらすことも、知られるようになった。その後、二〇〇六年にマウスで、二〇〇七年にヒトでｉＰＳ細胞の作製成功が報告され、クローンＥＳ細胞やセラピューティック・クローニングの需要は低くなったせいであろうか、それらへの関心は急激に廃れた。

表５　STAP 細胞研究不正事件で起きたこと

年	月日	出来事
2014	1.29	理化学研究所 CDB（発生・再生科学総合研究センター）の小保方晴子、STAP 細胞作製を記者会見で報告
	1.30	『ネイチャー』、上記報告を論文２本として掲載
	2.5	ウェブサイト「Pubpeer」にて匿名投稿者が画像の不正を指摘
	2.18	理研、調査委員会（第一次調査委員会）を設置。疑惑６点を調査開始
	2.19（?）	カルフォルニア大学のポール・ノフラー、これまでに約 10 の研究室が追試したが、再現に成功したところはないことをブログでまとめる（3.24 にアップデート）
	3.5	理研、詳細な実験手技解説（プロトコル）を公表
	3.14	理研の調査委員会、中間報告を発表。２点は不正ではなく、４点は調査継続
	3.20	ハーバード大のチャールズ・ヴァカンティ、プロトコルを公表
	3.31	早稲田大学、小保方の博士論文について、調査委員会を設置
	4.1	理研の調査委員会、最終報告を発表。１点を改ざん、１点を捏造と認定 理研の相澤慎一、丹羽仁史ら、「STAP 現象の検証」を開始
	4.9	小保方、記者会見で不正を否定。「200 回以上作製に成功」
	4.16	笹井芳樹、記者会見で論文撤回に同意。「有力な仮説」
	6.12	理研の改革委員会、理研 CDB の解体などを提言
	6.16	若山照彦、記者会見で遺伝子解析の結果を公表。結果を否定
	7.1	小保方、11 月 30 日までの期限で、検証実験に監視下で参加
	7.2	『ネイチャー』、STAP 細胞論文２本（およびプロトコル）を撤回 日本分子生物学会、「STAP 細胞再現実験の凍結」を声明で要求
	7.17	早稲田大学の調査委員会、小保方の博士論文について報告。「博士号取り消しに該当しない」
	8.5	笹井の自殺が発覚
	8.27	理研、「STAP 現象の検証」を中間報告。STAP 細胞再現できず 理研理事長の野依良治、理研改革のためのアクション・プランを発表
	9.3	理研、外部委員からなる調査委員会（第二次調査員会）を設置、調査開始
	10.1	理研の遠藤高帆、記者会見で、独自のデータ解析により、STAP 幹細胞とされたものは２種類の細胞（ES 細胞と TS 細胞）がまざったものである可能性を指摘（論文は９月 23 日に公表）
	10.7	早稲田大学、小保方の博士論文を１年の猶予付きで取り消しと発表
	12.19	理研、「STAP 現象の検証結果」を報告。丹羽らも小保方も STAP 細胞再現できず 小保方、理研に退職願を提出。野依、受理
	12.26	理研の外部調査委員会、遺伝子解析結果を含む報告書を公表。STAP 幹細胞は ES 細胞の疑い。新たに不正２点を認定

出典：各種資料より粥川準二作成。

しかしながら、少数の研究者たちはその道筋を探っていた。

二〇一一年一〇月五日、アメリカのディエター・エグリらがファン・ウソク事件後初めて、ヒトクローン胚と思われるものからES細胞を作製することに成功したと報告した。(18) しかしこの実験では卵子の核が除去されないまま体細胞が核移植されているため、結果としてできたES細胞は三倍体である。(19) このもととなった胚は「三倍体胚」とも呼ばれたが、これを「クローン胚」の一種だとみなせば、この報告がおそらく、世界で初めてヒトクローン胚から多能性幹細胞を作製することに成功したものである。(20)

その後、「三倍体胚」ではない、いわゆるヒトクローン胚からES細胞を作製することに成功したという報告が三本相次いだ。

まず二〇一三年五月、アメリカのショフラート・ミタリポフらが胎児および子どもの体細胞を使った実験の成功を報告した。(21) しかしながらこの報告は、ファン・ウソク事件やSTAP細胞事件を彷彿とさせるような画像の取り違えミスなどが指摘され、論文の撤回にまでは至らなかったものの、その信頼性は損ねられた。二〇一四年になってから、ミタリポフらの試みを追うようなかたちで、二本の論文が立て続けに発表された。同年四月一七日、韓国のドン・リュー・リーらが大人の体細胞から、(22) 同月二八日には、エグリらがやはり大人の体細胞から、(23) それぞれES細胞を作製することに成功したと報告した。いずれの実験においても、卵子提供は有償でなされた。

表６　近年の「クローンES細胞」報告

発表者	発表日時	発表媒体	核移植された卵子数	ES細胞株数	成功率
Mitalipovら	May 15, 2013	*Cell*	122	6	4.9%（？）
Leeら	April 17, 2014	*Cell Stem Cell*	77	2	2.5%
Egliら	April 28, 2014	*Nature*	71	4	5.6%

出典：筆者作成。

三本の論文で報告されたデータを見る限り、その成功率は高くない（**表６**）。したがって、現時点でこのアプローチを無理に臨床応用しようとすれば、多くの女性に対して、報酬と引き換えに身体的・精神的負担を押し付けることになるだろう（しかしながら成功率が上がり、卵子を提供する女性の数が少なくなれば、問題はなくなるのだろうかという疑問も残る）。

生命倫理学者インソ・ヒュンは、こうした研究報告に応じて、「研究のためにつくられる胚を規制せよ」という論説を公表している[24]。こうした成果によって、「研究者たちは、クローン胚由来の幹細胞〔クローンES細胞〕の治療能力と、大人の細胞〔体細胞〕を初期化する簡単なテクニックからつくられる幹細胞〔iPS細胞やSTAP幹細胞〕のそれとを、比較したくなるだろう」とヒョンはいう。それを認めたうえで彼は「科学的な実験のために、より多くのヒト胚を作出することは避けられない。それを監督するために規制の枠組みが整えられるべきである」と主張する。ヒュンはこうした研究について次のように警告的に書くことによって、アメリカをはじめとする国が、ヒト胚を作出する研究――破壊だけではないことに注意——を規制する政策を練り直すことを提案する。

ある人たちにとっては、このことは二つの危険な不安をもたらす。一つは人間のクローン・ベビーであり、もう一つはさまざまな研究のためにヒト胚が無情につくられ、そして壊される未来である。どちらのシナリオも避けられない。現在の政策（そしてたぶん生物学的な障壁）は、一つ目の不安を和らげるのに十分である。二つ目の不安は、既存の監視体制に但し書きを加えることで阻止できる〔傍点粥川〕。

ヒュンが、ここで卵子を提供する女性への負担について何も触れていないことはやや奇妙なのだが、先を急ごう。

彼が注意を促すのは、ある種の生殖技術（出生前治療？）として、クローン技術によく似た方法が提案されていることである。「同じ類いのものなのだが生殖を目的とする方法をめぐって、激しい論争が続いている。問題のある卵子に由来する染色体を、染色体を取り除いた健康な卵子に注入し、次にそれをパートナーの精子に受精させることである。ヒトの配偶子を使ったインヴィトロ（試験管内）実験やアカゲザルによる生殖の成功は、ミトコンドリア疾患を抱える女性が、問題のあるミトコンドリアを遺伝させずに、遺伝的につながりのある子どもを持つことができるようになることを示唆する」[25]。いわゆるクローン技術が「体細胞核移植」だとしたら、こちらは「卵子の核移植」とも「卵子のクローン」とも呼べそうな技術である。この方法では、結果的に生まれた子どもは三人分のDNAを持つことになるので、英語圏ではしばしば「三人親体外受精(three parent IVF)」と報道されている[26]。

ヒュンは核移植によって胚をつくることが、再生医療だけでなく、「三人親体外受精」の評価のためにも役立ちうることを指摘する。「継続中の動物実験は、規制当局がヒトでの臨床試験を始めるべきかどうかを決定するのに十分な安全性データを提供していないようだ。核移植によって研究のためにつくられるヒト胚は、臨床前での評価を手助けするだろう。いい換えれば、研究のためにつくられる胚は、卵子に問題のある女性が子どもをつくるのを手助けすることに使うことができるかもしれない[27]」。この技術は今日では「ミトコンドリア置換」などと呼ばれており、本書では第6章でより深く論じている。

ヒュンは、こうした幅広い応用方法を持つ胚の作出研究を、既存の規制体制を拡大することでコントロールすることを提案している。「どの実験が進められるべきかについて、異なる国で異なる結論に至るのと同様、異なる研究機関で異なる結論に至ることもありうる。このことは人々を混乱させるかもしれないが、おそらくは生産的な議論を促進する[28]」。

そして最後に「最近行われた三つのクローン研究」に立ち戻って、こう述べている。

その評価は、研究が進展するにつれて、より苦しいものになるだろう。卵子を入手する上で立ち塞がる障壁は、最先端ですらない研究（less-than-cutting-edge research）のために胚をつくることを制限するだろう。しかし、カスタムメイドの胚〔クローン胚〕が答えの手助けになるかもしれない疑問が、その作出を正当化するかどうかを真剣に考え直すことが重要である[29]〔傍点粥川〕。

あえて深読みしておけば、iPS細胞（や幻のSTAP細胞？）という代替案がある現時点で、クローン胚をつくるということで女性に身体的・精神的な負担を強いるというリスクやコストが、拒絶反応の少ない再生医療の実現というベネフィットに見合うかどうかを深く考えたほうがいい、ということではないか。はっきりとそう書かれているわけではないのだが――。

念のため確認しておくと、ヒトクローンES細胞の作製は、ファン・ウソクらが二〇〇四年と二〇〇五年にかけて成功したと称したのだが、二〇〇五年に不正が発覚し、二〇〇六年初頭に論文が撤回されたことにより、一度振り出しに戻った。そして二〇一三年から二〇一四年にかけて、ミタリポフやリー、エグリらが成功した。ファンらが目指したセラピューティック・クローニングは、技術的には一歩実現に近づいたのである。ファン・ウソク事件を韓国で起きた特殊な出来事とみなすのは意味がない。その事件を教訓の一つとして、セラピューティック・クローニングという医療モデルの普遍的な問題を考え直すべきであろう。[30]

一方、STAP細胞の作製は、小保方晴子やチャールズ・ヴァカンティらが二〇一四年に成功したと称したのだが、同年に不正が発覚し、論文が撤回された。われわれは現在、この段階にいるのだが、重要なことは、体細胞に何らかの刺激を与えて多能性や全能性を持たせるというアイディア自体が否定されたわけではない、ということだ。否定されたのは、小保方やヴァカンティの方法論でしかない。いつの日か、DNAに触れることなく、体細胞に多能性を持たせる方法が見つかる可能性は十分にある。そうしてできた細胞が、胎盤にも分化する能力を持つ可能性もある。そのときには、「STAP細胞」という名称はもう使われないかもしれないが、その時点で持ち札として揃った〝万能細胞〟すべての技術的問題と倫理的問題を整理し、メリットとデメリットを慎重に比較検討する必要が出てくるだろう（第1章表4を再度参照されたい）。

おわりに

以上、STAP細胞事件があまりに大きな騒動となってしまったためか、あるいはiPS細胞が存在するためか、STAP細胞とも深くかかわるにもかかわらず、情報がいまひとつ広く伝わらず、議論も深くなされているとはいい難いテーマとその論点をまとめてみた。

もちろん、STAP細胞事件が提起したことも少なくない。いわゆる「研究不正（捏造・偽造・盗用）」だけでなく、「再現性」や「ギフトオーサーシップ」など、これまで科学の世界でしか議論されなかったテーマが一般社会にも知られるようになったことは、いうまでもなく好ましいことである。

ある事象があまりに衝撃的であるため、それと同じかそれ以上の問題があるにもかかわらず、人々の関心が高まらない、ということは、われわれの社会ではしばしばある。

筆者は今回もまた、強い既視感を感じている。

二〇〇四年から二〇〇六年にかけて起き、本章でも言及した「ファン・ウソク事件」は、ES細胞研究を含む卵子の採取について、社会的な議論を起こすために（不謹慎だが）絶好の機会であった。しかし、ファンたちが卵子を集めるさいにいかがわしいやり方をしていたことだけでなく、研究成果そのものが「捏造」であることがわかり、卵子の採取をめぐる論点は忘却され、関心は捏造問題のほうに集中した。現在に至るまでこの事件は、世間では「論文捏造事件」として認識されている印象がある。(31)

二〇一一年の東日本大震災では、津波によって一万三〇〇〇人もの人々の命が一瞬にして奪われたにもかかわらず、人々の関心は、同時に起きた福島第一原子力発電所の事故とそれによる放射線拡散に集中した。原発事故が重要ではないとはいわないが、非被災地にいる者、とくにメディアや学問にかかわる者たちが被災地のためにすること（調査、議論、提案など）、その対象について優先順位が適切であったかどうかは疑問である。

メディアにかかわる者、学問にかかわる者（広義の科学者）の役割として、多くの人々が関心を持つことについて調査し、考察し、わかりやすく解説し、議論を喚起し、建設的な提案を促すことは重要である。しかしながら、むしろ多くの人々が見過ごしていることに先駆的に気づき、それについて調査や考察や解説を行い、議論や提案を促すこともまた、同じかそれ以上に重要なはずである。ポピュリズムや市場原理に飲まれることは、自ら忘却や風化を促進することであり、メディアや学問にとって敗北に等しい。

> 忘却の穴などというものは存在しない。人間のすることはすべてそれほど完璧ではないのだ。何のことはない、世界には人間が多すぎるから、完全な忘却などというものはあり得ないのである。かならず誰か一人が生き残って見て来たことを語るだろう。
>
> ハンナ・アーレント『イェルサレムのアイヒマン』[32]

第3章　一四日ルール再訪？
――ヒト胚研究の倫理的条件をめぐって

はじめに

生命倫理や生命科学、先端医療の世界で「一四日ルール（14-day rule）」と呼ばれている規則がある(1)。

簡単にいえば、ヒト胚を試験管内で（*in vitro*）、つまり体外で培養することは、受精後一四日までなら許容されるが、一五日以降は許容されず、廃棄するか子宮に移植しなければならない、というルールである。たとえばヒトES細胞（胚性幹細胞）を作製したいのであれば、研究者は、不妊治療クリニックでの体外受精で廃棄されることが決まった凍結胚または新鮮胚を(2)、カップルがインフォームドコンセント（情報を得たうえでの同意）をしたことを確認したうえで譲り受け、凍結胚の場合には解凍して、その内部細胞塊を取り出して作製作業を行うことになる。そのさいに用いられる胚は、受精後四―五日の「胚盤胞」と呼ばれる時期のものである。

たとえば日本では、ES細胞を作製しようとする研究者は、文部科学省と、厚生労働省が管轄する「ヒトES細胞の作製に関する指針」に従わなければならないが、この指針にも「一四日ルール」は組み込まれている。具体的にはその第七条において、「作製の用に供されるヒト受精胚」として四点の「要件」が挙げられているのだが、最後の四点目に

受精後十四日以内（凍結保存されている期間を除く。）のものであること

と明記されていることがそれに該当する。日本に限らず、多くの国のES細胞研究を規制するルール（法律やガイドライン）でも同様である。

重要なのは、このルールはごく最近まで、破ることがそもそも不可能であったことである。ヒト胚を試験管内で培養することは、最大でも九日までしかできなかった。

しかし二〇一六年五月四日、アメリカとイギリスの研究グループがそれぞれ、ヒト胚を一三日まで培養し続けることに成功したことが伝えられた。実験に使われた胚は、一四日ルールに従って、すみやかに廃棄されたことも同時に伝えられた。技術的にはもう少し長く培養できる可能性

がある。

一方で近年、「生殖細胞系ゲノム編集」や「ミトコンドリア置換治療」、「キメラ動物」など、ヒト胚を扱う研究が進展している。仮にこれらをさらに進展させることが必要であるならば、一四日ルールの緩和を求める声が出てくる可能性があることは理解できる。筆者は実際にそのような要望が多いのだと推測していた。

五月四日の研究発表に応じるように、生命倫理学者らは「一四日ルール再訪」という論評を発表した。さらに研究発表とこの論評に対して、別の生命倫理学者たちがさまざまな反応をした。そして幹細胞研究者たちの国際学会「国際幹細胞研究学会（ＩＳＳＣＲ）」が、新しいガイドラインを発表したのだが――一四日ルールは維持された。

本章では、この経緯を振り返ることによって、ヒト胚研究の倫理問題を考えるうえでは、最重要だったはずの論点を再確認する。結果として、筆者の推測は外れたうえ、世界的に有名な生命倫理学者たちが見落としていることがあることもわかった。

ヒト胚の培養、一三日まで可能に

二〇一六年五月四日、ロックフェラー大学のアリ・ブリバンルーらの研究グループは『ネイチャー』[3]で、ケンブリッジ大学のマグダレナ・ゼルニカ・ゴッツらの研究グループは『ネイチャー・セル・バイオロジー』[4]で、それぞれ、ヒト胚を実験室内で二週間近く培養することに成功したと発表した（ゼルニカ・ゴッツは前者の著者にもなっている）。

精子と卵子が受精してできる受精卵は、受精後細胞分裂を繰り返して五日目前後に「胚盤胞」と呼ばれる段階になり、胎児となる胚盤胞や胎盤などの胚外組織になる栄養膜などが形成される。そうしてできた胚はこれまで、体外では一〇日間も生き延びることができない、と考えられていた。

二つのグループの研究者らは、マウスの胚を使った研究で開発した培養技術を発展させ、それをヒト胚に応用した。彼らは、胎児を包む膜や血液をつくる組織のもとができる過程や、遺伝子の働きを調べた。ほかの動物との比較も行った。

二週間近く培養することによって新しくわかったこともあるという。たとえばブリバンルーらは、一群の細胞が一〇日目前後の胚に現れて、一二日目前後に消失することを確認した。そうした細胞は胚のうち最高で五―一〇パーセントを占めることがあるが、その機能はまだわからないという。「一時的な臓器らしい」、「もっと後に発生し、誕生の前になくなる尾のようなもの」と彼らは『ネイチャー・ニュース』[5]にコメントしている。

また、ヒト胚で発現する遺伝子とマウス胚で発現する遺伝子との間に多くの違いがあることも明らかになった。「このことが示唆するのは、げっ歯類は、ヒトの発生を理解するためのよいモデルではないかもしれない、ということである」[6]。

ヒト胚をこれまでより長く、試験管内で培養できる「このテクニック」は、どのようなことに応用できるだろうか。『ネイチャー・ニュース』は「なぜ妊娠のなかには失敗するものもあるのかを理解することに役立つかもしれない」と書き、ある体外受精クリニックが早くも「このテクニック」を使って「胚が着床する活力」を評価する方法を探すための研究を始めていることを伝えている。[7] AFP通信の配信記事は「不妊治療や幹細胞治療、人体形成への理解など、各方面での応用や改善が期待できる」、「早期流産の原因や、体外受精の失敗率が高い理由などを説明する助けになる可能性もある」と報じた。[8] ただ、そのような応用は、一四日までの培養で可能になるのか、それとも規制を緩和して一五日以上の培養を行うことによって初めて可能になるのかは定かではない。

前述のように、多くの国や科学団体は、受精後一五日以上のヒト胚を使う研究を禁止している。そのため研究者らは、その前に実験を終わらせ、胚を廃棄したと伝えられている。

もっともブリバンルーやゼルニカ・ゴッツ自身は、このテクニックを使ってもヒト胚をそれほど長く培養できるわけではない、とも説明している。[9]

トロント大学のジャネット・ローサントが生物学者の立場から同じ号の『ネイチャー』でこれ

らの研究を解説し、「これはヒトの生命の始まりについてはっきりとした見通しを得るための第一歩である」と評価している[10]。

彼女は技術的な方法論やその意義などを一通り解説したうえで、国際的な規制である一四日ルールに言及する。

現在のところ、ヒト胚の培養は国際的な合意によって、発生一四日目か原始線条（primitive streak）の形成開始、そのどちらかが先に生じたときまでに制限されている。もし原腸形成〔臓器になる細胞層を形成する段階〕が試験管内で達成されたら、この一四日ルールにはどんな影響があるだろう？　より向上した方法で、より長く培養することによって、基礎的なヒト生物学のために重要な情報が得られ、体外受精の成功率や幹細胞の分化についての理解が進むかもしれない。しかしながら、そのような培養システムの発展は、試験管内でのヒト胚発生に倫理的制限を設ける段階についての疑問を、再び生じさせるかもしれない[11]。

ローサントは確かに「一四日ルールにはどんな影響があるだろう？」と疑問を呈し、ヒト胚をより長く培養することが体外受精や幹細胞の研究に役立つ可能性を指摘してはいるが、一四日ルールを緩和する規制緩和を強く求めているわけではない。

たとえばAFP通信は「大半の科学者らが、この規制の緩和に賛成している[12]」と書いたが、科学者であるローサントが「大半の科学者ら」に含まれるかどうかははっきりとしない。

「一四日ルール再訪」

これらの研究に呼応するように、同日の『ネイチャー』は、有名な生命倫理学者インソ・ヒュンらが書いた「発生学の政策　一四日ルール再訪（Embryology policy: Revisit the 14-day rule）」という論考[13]を掲載した。『朝日新聞』は「ネイチャー誌は、研究で得られるかもしれない成果を念頭に、14日に限る妥当性を改めて考える必要があるとする生命倫理学者の論文を同時に掲載する[14]」と解説したが、ヒュンらのいう「再訪（revisit）」が「改めて考える」ことを意味するのかどうかは、後述するように微妙である。

著者は三人で、筆頭著者のヒュンと三番目のジョセフィン・ジョンソンは一般メディアでも名前を見かける有名な生命倫理学者である。二番目のエイミー・ウィルカーソンは、研究支援などに取り組む実務家らしい。掲載されたのが、ブリバンルーの論文と同じ媒体の同じ号であること（つまり科学者を主な読者として想定していること）も、念頭に置いておいたほうがいい。

ヒュンらはまず、前述のブリバンルーとゼルニカ・ゴッツらの研究を紹介する。そしてその研究が、何人か著者が重複する別の研究報告から「わずか二一カ月後に報告された」ことを補足する。その研究報告とは、二〇一四年六月二九日、ブリバンルーを含むロックフェラー大学の研究グループが、ヒトのES細胞をある条件で培養すると、「原始線条のような領域」さえ含む、胚のような「構造体」ができる、ということを示したものである。[15] できた「構造物」は、胚のようなものではあるが、基本的には二次元的なものであり、いくつかの意味で受精を経てできた胚とは決定的に異なるという。しかし将来的には三次元的なものができることも見込まれている。

同分野の研究者がこの研究を「もし幹細胞がシャーレで胚になってしまったらどうする？」というタイトルで解説しており、この研究結果は「初期発生や発生の途上で生じる障害についての研究の新しい可能性を開くが、潜在的な倫理的懸念をもたらすだろう[16]」と読者に注意を促している。

当然であろう。ES細胞は、確かに一人の人間になりうる胚を壊すことによってつくられるものであり、そのためその作製には倫理的な懸念が生じるが、ES細胞そのものには胚のような「道徳的地位」があるわけではない、と繰り返し説明されてきた。筆者は有名な幹細胞研究者が「ES細胞はただの細胞です」と断言するのを直接聞いたことさえある。

この研究結果は、「ただの細胞」であるはずのES細胞もまた、扱い方次第では、再び倫理的な配慮を必要とする何かに変貌してしまう可能性を示している。「原始線条のような領域」さえ観察されたというが、後述するように、原始線条の有無は倫理的配慮の必要性を決定づける因子であるとみなされてきたはずだ。

ヒュンらの論考に戻ろう。

彼らは一四日ルールの起源を説明する。一四日ルールは、一九七九年、アメリカの健康教育福祉省の倫理諮問委員会が最初に提案し、一九八四年、イギリスの「ウォーノック委員会」が同主旨の報告書をまとめたことで世界中に知られることになり、世界中の規制機関や学会で採用されることになった（後述）。ヒュンらによれば、少なくとも一二カ国の法律に採り入れられているという。

ヒュンらは「原始線条の形成は重要である」と強調する。

というのは、それ〔原始線条〕は、胚の生物学的な個体化（individuation）が確かなものとなる初期のポイントを示しているからである。そのため、この段階で道徳的に重要な個人（individual）ができあがると判断する人々もいる。[17]

その一方で、「線引き」として重要なのは原始線条が形成されるときではないと考える人ももちろんいる。受精の瞬間であると考える人もいれば、胎児が痛みを感じ始めたとき、脳活性を示したとき、子宮の外で生存できるようになったときだと考える人もいる。

一四日ルールは、ヒト胚における道徳的地位の始まりを示す「明確な線」ではなく、ヒト胚の科学的利用が可能な範囲を区画するための「公共政策用ツール」である、とヒュンらは説明する。実際のところ、一四日ルールは公共政策用ツールとして「かなり成功してきた」。というのは、原始線条の形成は視覚的に確認でき、胚の培養日数は容易に計測できるからである。ヒト胚研究の全面的な禁止や無制限なヒト胚利用といった極論は、「多元主義社会」においては良質な公共政策にはなりえないとして、ヒュンらは一四日ルールに一定の評価を与える。

その一方で、彼らはこのルールが、「科学の発展」など「状況や態度」の変化次第で「正当に再調整可能なものであること」が明らかになるだろう、と述べる。一四日ルールを修正するとしても、その二つの目標は維持されなければならない、と彼らはいう。二つの目標とは、「研究をサポートすること」と「さまざまな道徳的懸念に対応すること」である。

一四日ルールを修正すべきかどうかを検討するには、「ローカルな文化的・宗教的な差異を考慮に入れ」たうえでの国際的な議論が必要だと彼らは述べる。その前例として彼らが挙げているのは、二〇一五年一二月にワシントンで開催され、世界中から集まった科学者をはじめとするさまざまな利害関係者たちが人間のゲノム編集技術について議論した「国際ヒト遺伝子編集サミット」である。[18]

そして「来週」に、幹細胞研究者の国際的な学会である国際幹細胞研究学会が、幹細胞研究についての新しいガイドラインを発行する予定であること、インソ・ヒュンがそのガイドライン作成のための「タスクフォース」の一員であることが明かされる。

そのうえで国際学会によるガイドライン作成の意義を、次のように述べている。

こうした組織の間での密接なコラボレーションが、一般市民からのバックラッシュや、研究に対する過敏でより厳しい規制の導入を防ぐことができる。

この記述は後述するように、別の生命倫理学者から批判されることになる。

生命倫理学者たち

ヒュンらのこの論考には、何人かの生命倫理学者が敏感に反応した。順に見ていこう。

(1)　ハンク・グリーリー――滑りやすい坂道

スタンフォード大学のハンク・グリーリーは、生物医学のニュースサイト『STAT』同日付の記事の中で、この件についてコメントした。

だが、多くの倫理学者は納得していない。スタンフォード大学ロースクールのハンク・グリーリーにとっては、一四日ルールの延長〔緩和〕は、滑りやすい坂道だ。「どこで止まるのか私にはわからない」。

「私は、実験対象（experimental object）として使われる二〇週の胎児についてとても懸念している。というのは、それはあまりに赤ちゃんに近いものであるからです」と彼は言う。「そして人は実験対象として扱われるべきではありません」[19]。

この記事でいう「滑りやすい坂道（slippery slope）」とは、生命倫理をめぐる議論ではよく使われる言葉で、新しい制度や技術などについて、たとえそれが些細な変化しかもたらさないとしても、それをきっかけにして物事がどんどん悪い方向に進んでしまう可能性を秘めている、という意味合いが込められている。「危険な先行き」と意訳されることもある。グリーリーは、現行の一四日ルールを緩和すれば、やがて滑りやすい坂道を転がり落ちるように、二〇週の胎児も実験対象となりうることを懸念している。

彼は自分の見解を、スタンフォード大学のウェブサイトでもブログ記事として掲載した[20]。

ヒト胚の培養が一三日まで可能になったという報告と「同時に、科学的出版物〔ヒュンらの論考〕がこの制限を「再訪（revisit）」することを呼びかけた。率直にいって、私は納得していない」とグリーリーは書く。

そのうえで彼は、ヒト胚を一五日以上培養することの科学的な意義や、ヒトの発生は境目のないプロセスであるので、一四日ルールを使わないとしたら、いったいいつを境目として採用するかということについて疑問を投げかける。「多くのヨーロッパの中絶法のように、二二週あたりであろうか？　アメリカの中絶法のように、生存能力（およそ二三週）であろうか？」。そして

私は多くの人々と同様、一四日以降には、政治的にあるいは道徳的に許容可能なラインを見出さない。

と主張する。

グリーリーが五月四日のうちに、このコラムを投稿したことを短文投稿サイト「ツイッター」に投稿（ツイート）すると、「一四日ルール再訪」の著者の一人ジョセフィン・ジョンソンが即座に応答した。(21)

以下、少し長くなるうえ、ツイッターというメディアの特性上、文章が途中で途切れていたり

して読みにくいが、五月の四日から五日かけての二人のやりとりを、雑誌の対談記事風に再現してみる。

ジョセフィン・ジョンソン　再訪（revisit）は修正（revise）を意味するわけではありません。いま、人々がこのルールはそのままにすべきだと明確に言うなら、私たちのコメンタリーの目的は達成されます。

私たちはこのルールを「再検討（reconsider）」するとは言って〝いません〟。私たちは、その三五年間も繰り返されてきた時代遅れの言葉を再訪（revisit）することを提案したのです。

ハンク・グリーリー　私は、ツイートでもブログでも修正（revise）だと言ったとは思いません。再訪でも正当性は必要です。納得できません。ほかに何か？

ジョンソン　あなたはブログで、私たちが「再検討している」と引用しました。私たちはその言葉を使っていません――意図的に。

グリーリー　ほう、「修正」とは言っていない、と。私が「再検討」だと解釈した引用がそうみなされるようには意図していない、と。私はそれを消去しました。〝しかし〟もしそれを検討していないのならば、それを再訪するというのはどういうことですか？

「ハーイ」と言うこと？　私にはわからないし、それはフェアではない。しかし……。

ジョンソン　私たちの仕事は見解を述べることではなく、科学がルールに則って進むものであることを指摘し、そのルールがどのようにもたらされたのかを説明することです。

そして何らかの再検討のプロセスを提案することです（たとえば国際会議の呼びかけなど）。たぶん何も変わらないでしょう。

しかし、少なくとも私たちは、人々がその理由を忘れているルールに頼るのではなく、それについて考えようとしたのです。

ヒュンやジョンソンが題名に使った「revisit」という英単語（名詞）には、文字通り「再び訪れること」、つまり「再訪」という意味があるが、たとえば広く使われているオンライン英和辞典「英辞郎 on the web」を引くと、「再考」ないし「再検討」という訳語も見つかる。動詞では、「見直す」、「立ち返る」、「再考する」などの訳語がある。

確かに、ジョンソンのいうように「revisit（再訪）」は「revise（修正）」ではない。しかし、「再検討（reconsider）」ではない、というのは無理があるだろう。このやりとりは、まるで子ども同士がお互いの揚げ足を取り合っているようにも見えるが、グリーリーのほうにやや説得力があるように思われる。しかしグリーリーはジョンソンら三人による言葉のトリックに引っかかってしまったようにも見える。

(2)　フランソワ・ベイリス――「政治的なご都合主義」

翌五月五日には、カナダのダルハウジー大学の生命倫理学者フランソワ・ベイリスも『インパクト・エシックス』というウェブサイトで、「一四日ルール再訪」に疑問を投げかける論考を発表した[22]。

ベイリスもまた、ヒト胚培養が一三日まで可能になったという報告と一四日ルールの起源を解説する。彼女はヒュンらが「一四日ルール再訪」において、「専門家や政策決定者、親や懸念する市民を含むコンセンサス構築を目的とするプロセス」を推奨することには同意する一方で、推奨する理由として挙げられていることを批判する。

私は、間違った理由で国際的なコンセンサス構築を支持するに違いない人がいることを懸念する。つまり、適切な法的、倫理的ルールや監視体制を構築するという目的の手段としてではなく、むしろ「一般市民のバックラッシュや、研究に対する過敏でより厳しい規制の導入」を防ぐという目的の手段として、である。私の見方では、こうした動機は政治的なご都合主義の匂いがする[23]。

つまり、ペイリスの見解では、ヒュンらが一四日ルールの「再訪」を提案しているのは、ヒト胚を使う研究者たちを守るためではないか、ということだ。

科学史家の米本昌平は、アメリカでは生命倫理学者たちが、生命科学アカデミズムや産業界の自衛や理論武装に駆り出されている現状を、生命倫理学者の〝弁護士化〟と呼んだ。[24] もっとわかりやすくいえば、生命倫理学者は生命科学コミュニティの〝御用学者〟になっている、ということである。ベイリスのヒュンらに対する批判は、米本のアメリカの生命倫理学者一般に対する批判と重なる。

(3)　ジョン・ハリス――「延長するときだ」

五月六日には、やはり有名な生命倫理学者ジョン・ハリスが、イギリスの一般紙『ザ・ガーディアン』で「胚研究の一四日制限を延長するときだ」という論説を発表した。[25] ハリスはこれまでもしばしば論争を引き起こすような議論を展開してきたが、ここではこの論説のみを扱う。

ハリスの論説はそのタイトルからはっきりとわかる通り、現行の一四日ルールを緩和して、科学者たちがヒト胚をもっと長く培養できるようにすべきだということを主張するものである。ハリスは、一四日ルールは胚の研究において「どこで線を引くのか？」という疑問への答えとして、後述するウォーノック委員会の委員長で哲学者のマリー・ウォーノックが考案したものであることを確認する（彼はなぜか後述する、アメリカの保健教育福祉省の倫理諮問委員会報告には触れていない）。

ハリスは以下のように書く。

現在では、アメリカやイギリスの科学者たちが、通常は子宮に収まっている時点を超えて、胚を生き続けさせることを可能にしているというニュースに応じて、〔培養可能なのは〕一四日〔まで〕という制限を延長して、科学者がヒトの初期の発生について発見をしたり、初期の流産の原因や病気を治療する幹細胞をつくる方法を探求したりすることができるようにしよう、という主張がある。(26)

しかし、ブリバンルーやゼルニカ・ゴッツの報告を受けても、科学者たちはそれらに対してきわめて控えめな反応しかしていない。前述のようにローサントは二つの論文を解説したが、一四日ルールを緩和せよと強く述べてはいないし、各メディアの記事でコメントしている科学者たちも同様である。ハリスが誰の主張を想定しているのかわからない。むしろ規制緩和をこれほどはっきりと主張しているのは、この時点ではハリス以外に見当たらない。

筆者はかつて、ゲノム編集研究者自身が、人間の生殖細胞系へのゲノム編集について「モラトリアム」を提言する一方で、生命倫理学者がそのモラトリアムを批判したという現象を「奇妙なねじれ」と呼んだことがあるが、[27] ここにも奇妙なねじれがあるようだ。

またハリスは、前述のグリーリーのことを指しているのかどうかはわからないが、一四日ルールの擁護者たちが「滑りやすい坂道」論を持ち出すことについて、「滑りやすい坂道などない」し、これまで「まったく滑ったこと（slipping）はなかった」と批判する。

なるほど、ハリスの住むイギリス社会では、すべての妊婦に母体血清マーカー検査が無料で提供されている。その論理は、そのコストをかけることによって、そうでなければ生まれてくるダウン症児など障害者のための福祉にかかるコストを節約できる、ということだ。[28] 実際、同様の政策を実施しているデンマークでは、ダウン症児がいなくなるとさえ推測されている。[29] 筆者には、イギリスやデンマークはすでに滑りやすい坂をゆっくりと転がり落ちて、優生社会に突入しているように見えるのだが、それは単にハリスとの価値観の違いのせいであろうか。

なおハリスは、ヒト胚培養が許されるリミットとして「二一日」を提案しているのだが、その根拠は書かれていない。[30]

⑷　ピート・シャンクス――能力は制限緩和の理由にはならない

少し遅れて六月二九日、ＮＰＯ「遺伝学と社会センター」が運営するウェブサイト『バイオポリティカルタイムズ』は、「一四日ルールとそのほかの制限について」というコラムを掲載し、ヒュンらの論考に対するグリーリーやペイリスの反応を紹介した。著者は、自動車におけるスピード制限をたとえに持ち出して指摘する。

指摘の通り、いくつかのケースでは、既存のルールを調整することは良識あることかもしれない。時速五五マイルというスピード制限は広く無視されてきたし、実際、取り消された。しかしこうした変更は、自動車メーカーの技術的能力とは関係ない。

つまり仮にヒト胚を一四日以上培養できるようになったとしても、そのことが、培養できるのは一四日までというルールを緩和することの理由にはならない、ということである。

本章ではヒュンらの論考に対する生命倫理学者らの反応を検討してきたが、説得力はこのコラムが最も高い。ハリスへの言及がないのが残念である。

ただし、このコラムの著者ピート・シャンクスを「生命倫理学者」と呼んでいいかどうかは微妙である。彼はオックスフォード大学で哲学などを専攻し、「遺伝学と社会センター」のメンバーで、『バイオポリティカルタイムズ』のレギュラーライターで、生命倫理に関する著作(31)さえあるようだが、博士号を持っていることや大学や研究機関で教えたり研究したりしていることは確認できなかった。

国際幹細胞研究学会、「一四日ルール」を維持

シャンクスのコラムを除き、生命倫理学者たちの発言は五月の四日から六日にかけてなされた。その一週間後の五月一二日、国際幹細胞研究学会（ＩＳＳＣＲ）は、改定ガイドラインを発行した。[32] 結論から先に述べると、一四日ルールは現状維持された。

国際幹細胞研究学会は二〇〇二年に設立された国際学会で、これまで幹細胞研究やその臨床への移行についてのガイドラインを、二〇〇六年と二〇〇八年に発行してきた。今回のものは三本目のガイドラインということになる。題名は「幹細胞研究と臨床移行のためのガイドライン」。九カ国から集まった科学者や倫理学者、医療政策の専門家など二五人が「タスクフォース」をつくって作成したもので、その議長は生命倫理学者ジョナサン・キムルマンが務めた。インソ・ヒュンはこのタスクフォースのメンバーで、おそらく「一四日ルール再訪」を書いた段階で、現状維持されることを知っていたのだろう。

長さは表紙などを含めて三七頁。本文は「基本的な倫理原則」から始まる全五章。用語集や文献表なども付いている。国際幹細胞研究学会のウェブサイトでＰＤＦファイルが公開された。同

時に『ネイチャー』は、キムルマン議長が筆頭著者になっている解説記事を掲載した。[33]この全貌を解説することはここではできないので、一四日ルールに関する部分だけを見てみよう。

ガイドラインは第一章の「基本的な倫理原則」で、「禁止される研究行為」を少なくとも五点挙げているが、その最初が、いわゆる一四日ルールである。

着床前の無傷なヒト胚もしくはヒトの生物形態的な特性をともなう胚様の細胞構造物を、誘導法にかかわらず、一四日が過ぎるか原始線条が形成されるか、どちらかを超えて、試験管内で培養すること。[34]

その理由は「そのような実験はさしせまった合理性がなく、相当な倫理的懸念を生じさせ、そして／もしくは、多くの法制度において違法である、という国際的なコンセンサスがあるから」である。

つまり、少なくとも幹細胞という研究分野においては、ハリスの主張を裏づけるような「さしせまった合理性」は存在しない、ということだ。

なお同ガイドラインは、研究者や医師が研究や臨床のために幹細胞のもとになる胚や体細胞を入手するさい、提供者らに対して実施するインフォームドコンセントの内容にも言及しているのだが、説明すべきこととして、一四日ルールを挙げている。

胚の提供や作成においては、胚は妊娠を成立させようとするためには使われないこと、受精から一四日間以上試験管内で培養することは許されないこと。[35]

少なくともこの時点で、幹細胞分野の研究者たちは一四日ルールの緩和を、それほど強くは求めていないことが推測される。

このガイドラインはもちろん法律ではないので強制力はないが、有力な国際学会が制定したものであること、また、幹細胞という研究分野は必然的にゲノム科学や生殖医療など他分野とも関係が深いことから、その影響力は大きいと思われる。[36]

『ウォーノック・レポート』再訪

最後に一四日ルールの起源を再確認しておこう。[37]

「一四日」という線引きを最初に提案したのは、一九七八年にイギリスで世界初の体外受精児が誕生したのを受けて、アメリカの保健教育福祉省が設立した倫理諮問委員会である。同委員会が一九七九年にまとめた報告書『ヒト体外受精・胚移植にかかわる研究支援』では、ヒト胚は「通常の場合、着床の完了にかかわるステージ（受精から一四日）を超えて、試験管内で維持」してはならない、と規定された。

この原則を提案した委員らは、「不可分性／個性（individuality）」こそが道徳的な地位の決定因子であり、また、不可分性は着床が完了したときだけに確立される、と主張した。着床の完了前には、二つの遺伝学的に同一な個人（individuals）が双子生成（twinning）という過程によってつくられうる。同様に、二つの胚が一つの個人（a single individual）を形成するために、融合する可能性もある。

五年後の一九八四年、イギリスの「ヒト受精・発生のための調査委員会」、通称ウォーノック委員会がまとめた報告書『ヒトの生殖と胚研究についての調査委員会報告』、通称『ウォーノック・レポート』(38)もまた、ヒト胚研究について、受精後一四日までなら認められるが、それ以降は認められないことを勧告した。同委員会によれば、ヒト胚は、侵襲的、破壊的な研究から保護されることを正当化するのに十分な道徳的地位を、「原始線条」の登場とともに獲得する。原始線条は、脳や脊髄の前駆体であり、受精後一五日後に生じる。

一九九八年にヒトES細胞の作製が報告されて以降、世界中の幹細胞研究者たちが受精後一四日以内、実際には四―五日の胚からES細胞をつくっている。彼らがそのさいに従っている各国の法律やガイドラインは、基本的には、この『ウォーノック・レポート』の理論を踏襲している。日本の「ヒトES細胞の作製に関する指針」も、前述の通り同様である。

本章では、一四日ルールへの「再訪」を提案するヒュンらの論考と、それに反応した生命倫理学者ら――ハンク・グリーリー、フランソワ・ベイリス、ジョン・ハリス[39]――の発言を検討した。彼らのうちベイリスとハリスは、「不可分性」という論点に言及している。確かに、胚を研究に利用するために「線引き」をせざるを得ないとしたら、不可分性、つまり二つ以上のもの――二人以上の人間――にはもうならなくなる時点がいつであるのか、というのは重要な疑問だ。しかし、なぜかグリーリーも含めて彼らが共通して言及していない、少なくとも重要視していない論点がある。

それは「痛み」である。より正確には、痛みを感じるための器官の有無である。このこともまた、一四日ルールを基礎づける重要な論点だったはずだ。『ウォーノック・レポート』は、これまで何度も言及している「原始線条」を「胚盤胞の内外で生じる識別可能な特徴のうち、最初のもの[40]」と見なす。「胚の形成において、とても急激な変化が起こる時期である」。そして原始線条が神経や脊髄になるものであることに注意を促す。神経が痛みを含む感覚を得るための組織であることはいうまでもない。

そのうえで同レポートは「胚に対する実験の倫理は、危害に対する恩恵、痛みに対する喜びのバランスによって決定されるべき[41]」と、功利主義的な考え方を示す。この立場では、

試験管内での胚の発生や胚の研究のためのタイムリミットは、中枢神経系の最初の始まりが認識できる時点か、機能的な活動が生じる時点か、どちらかであろう[42]。

と同レポートは書く。

前者は受精後二二―二三日であり、後者は不明であるが、「一般的には、おそらく妊娠の後期だろうと考えられている[43]」という。そしてそのうえで「どちらのリミットでも、提案者たちは、胚が痛みを感じる可能性がないように、二一―三日を差し引くことを提案している[44]」と補足する。

同委員会は複数の専門家団体の見解を集めた。イギリス産科婦人科学会は一七日を超えて胚を試験管内で発生させることは許されるべきではない、と提案した。イギリス医師会は、一四日に賛意を示した。医学研究評議会やイギリス内科医師会もまた、一四日を提案したようだ。

同レポートは「本委員会の見解」を次のようにまとめている。

以上に見てきたように、ヒト胚の研究利用に対する反対は、それぞれの胚が潜在的な人間存

在（human being）であるということである。個々の人間（human individual）の発生における基準点の一つは、原始線条の形成である（11. 5）。大家の多くはこれを受精後約一五日目だとしている。それはその胚の個人としての発生（individual development）の始まりを示す。このようなタイムリミットを区切ることは、リミットとして着床期の終わりに賛意を示す人々の見解と一致する。それゆえわれわれは、これより早い日を、研究のための望ましい終点とみなしている。その結果、われわれは、体外受精によって得られた胚は、凍結されているかいないかにかかわらず、受精後一四日以降に女性に移植されないならば、生かされ続けてはならないし、受精後一四日以降に実験対象として使ってはならない、と勧告する。[45]

原始線条の生物学的機能を踏まえれば、『ウォーノック・レポート』が「不可分性」だけでなく、「痛み（を感じるための器官）」も重視していることは明白である。

そしてこの報告書の六年後、イギリスは「ヒト受精・胚研究法」を成立させた。この法律によって、同国は「ヒト受精・胚研究認可局（ＨＦＥＡ）」という生殖技術とヒト胚研究を管轄する官庁を設立したのである。

おわりに

生命倫理学者たちが一四日ルールの根本理念としての「痛み」を軽視した理由は不明である。単なる字数制限の問題という可能性もある。

少し気になるのは、本章では詳述できないが、おおむね以下のような出来事である。二〇〇五年、カリフォルニア大学のマーク・R・ローゼンらは、胎児は妊娠末期（妊娠二八週から四〇週）まで痛みを感じることができないことを示唆するレビュー論文を[46]『アメリカ医師会ジャーナル（JAMA）』で発表した。それに対して二〇一六年五月、プロライフ派（人工妊娠中絶反対派）の活動家が、さまざまな情報源を示しつつ胎児は妊娠のもっと早い時期に痛みを感じ始めること、また論文の著者たちが人工妊娠中絶を行うクリニックや中絶を擁護する団体の要職に就いていること（利益相反）を指摘し、論文の撤回を求めた。しかし『JAMA』は、二〇一六年六月、その活動家が根拠とする論文は、撤回を求められている論文の主張を覆すものではないことなどを指摘する書簡を活動家に送り（同時に公開し）、要求を拒否した。[47]

このやりとりを含む、人工妊娠中絶の是非や条件をめぐる諸論点を考慮すると、胚研究の是非や条件をめぐる議論は複雑化する。筆者自身も本章ではこれ以上の議論を控える。ただ再確認しておくと、『ウォーノック・レポート』は、痛みを感じる能力の有無ではなく、痛みを感じるための器官の起源、すなわち原始線条の有無を問題にしている。この原始線条の存在を否定できるほどの重要な研究目的や、それらを正当化できる周到な理論がない限り、一四日ルールを緩和することは困難であろう。シャンクスが述べた通り、技術の性能向上は規制緩和の理由にはならないのである。

あるいは、これまでの発想を大きく転換して、痛みを感じるための器官の起源ではなく、痛みを感じる能力そのものを問題にするならば話は別である。たとえばローゼンらが示唆するように、胎児は妊娠末期まで痛みを感じることができないことを科学的に確認することができたならば、期間延長を検討することに正当性が生じてくる可能性はある。そのときには、グリーリーのような考え方をする人々を説得する必要があるだろう。

残念ながら、ヒュンたちの一四日ルールを「再訪」せよ、という問題提起は、豊かで示唆的な議論を生むことはなかった。それは「再訪」といういきわめて曖昧な言葉遣いと、提起に反応した生命倫理学者たちが一四日ルールの起源や意義に対する検討を徹底しなかったことに起因すると思われる(48)。

第Ⅱ部　ゲノム編集時代のエチカ

第4章　奇妙なねじれ
――〝人間での生殖細胞系ゲノム編集〟をめぐる賛否両論から

はじめに

二〇一五年二月、ある噂[1]がインターネット上を流れ、生命科学や生命倫理に関心を持つ者たちの一部がそれに注目した。日本のマスコミ、行政、国会の反応はやや鈍かった。

噂は、中国の研究グループが「人間の受精卵にゲノム編集を行った」というものであった。ゲノム編集（genome-editing）は、後で詳述するが、いわゆる遺伝子組み換え、生命科学者たちの表現では「組換えDNA技術」の一種であり、ゲノムにおける遺伝子を、意図通りに切り貼りすることによって改変することをいう。それを人間の受精卵に行うということは、それまでのいわゆる遺伝子治療、つまり体細胞に行う遺伝子組み換え／ゲノム編集による「遺伝子改変」とは大きく異なり、その変化が次世代にも伝わるということである。人間の精子や卵子、受精卵、胚——これらをまとめて「生殖細胞系（germline）」という——に遺伝子組み換え／ゲノム編集を行うこと、すなわち、次世代にも伝わるかたちで人間の遺伝子を改変することは、多くの国では法律やガイドラインで禁止されている。(2)また多くの生命科学者は、そのことに関心は持ちつつも、実行することにはきわめて慎重である。次世代に伝わる遺伝子改変のメリットやデメリットは、一般市民にとってはもちろん、生命科学者の間でもコンセンサスがあるとは言い難いからであろう。

ところが、そのような状況下で、中国の研究者グループが人間の受精卵にゲノム編集を行い、その結果が近く論文として公表される、という噂が流れたのである。その時期に、人間での生殖細胞系ゲノム編集の実施に対して待ったをかけ、モラトリアムを提言したのは、ゲノム編集の研究を最も先鋭的に進めている生命科学者たちであった。ところが、そのモラトリアムに対して、その限界を指摘し、その無意味さを批判したのは、意外にも生命倫理学者たちであった。(3)

ゲノム編集の登場以前にも、人間での生殖細胞系の遺伝子改変をめぐる賛否両論はあった。たとえば生命科学者のグレゴリー・ストック(4)やリー・シルヴァー(5)は、生殖細胞系の遺伝子改変による治療どころか遺伝学的なエンハンスメントまで容認・賛成している。(6)一方、生命倫理学者レオン・R・カス(7)や彼が議長を務めた「大統領生命倫理評議会」(8)はきわめて批判的である。「生命倫理学者」を「生命科学や生命倫理に関心がある人文社会科学者」にまで拡張して考えると、政治哲学者マイケル・J・サンデル[9]や社会学者ユルゲン・ハーバーマス[10]もまた批判的な見解を展開している。

しかし本章で検討する論争においては、人間の生殖細胞系ゲノム編集に対して、生命科学者たちがモラトリアムを呼びかけ（つまり結果として中国のグループを批判し）、生命倫理学者たちがそのモラトリアムを批判する（つまり結果として擁護する）、という〝奇妙なねじれ〟が起きた。

本章では、この人間での生殖細胞系ゲノム編集をめぐって、学術科学誌を含むインターネットメディアで生じた賛否両論と、そこで生じた〝奇妙なねじれ〟を振り返ることによって、今後盛んに議論されるであろう、人間での生殖細胞系ゲノム編集をめぐる生命倫理問題──「ELSI（倫理・法律・社会的問題）」──を考えるための準備としたい。

本章の原型となった論考を執筆の時点では、ゲノム編集の登場後に生命倫理（学）の立場から、人間での生殖細胞系遺伝子改変の含意を検討した研究はそもそも少ない[11]。その少ないなかでは、たとえば石井哲也らは英文で書いた二本の論文で、ゲノム編集研究の最新動向と世界的な規制の現状を詳しく記したうえで、人間での生殖細胞系ゲノム編集の是非については、生命科学者や生命倫理学者だけでなく、一般市民を交えた対話が必要であると強く主張している[12]。

本章ではまず、ゲノム編集とは何かをごく簡単に説明する。次にゲノム編集のなかでも「人間での生殖細胞系ゲノム編集」とは何か、とくにそのほかのゲノム編集と比較して、その生命倫理的な位置づけを確認する。そのうえで噂の真相が明らかになるまでの過程と、その前後でなされたいくつかの主張を記述する。最後に筆者なりの現時点での見解を述べる。

ゲノム編集とは？

ゲノム編集とはどのような技術か。ここでは主に〝生命科学の社会的含意に関心を持つ人文社会系の学問に取り組んでいる者〟を読者として想定する。[13]

ゲノムとは、生命を存在させるために必要な遺伝情報すべてのことをいう。ゲノム編集とは、莫大な遺伝情報のなかから特定の遺伝子だけにねらいを定めて、意図通りに書き換えて改変する技術である。「遺伝子編集」ということもある。

今日、生命科学者たちがゲノム編集を実施できるのは、特定のDNAの塩基配列を正確に切断できる「切断酵素」という特別な酵素のおかげである。細胞の中心には核がある。核の中には「染色体」と呼ばれる糸状の物質がある。染色体はDNA（デオキシリボ核酸）という化学物質でできており、そこに生物の遺伝をはじめとするさまざまな機能を担う「遺伝子」が書き込まれている。遺伝子は、アデニン（A）、グアニン（G）、シトシン（C）、チミン（T）、という四種類の「塩基」と呼ばれる物質の配列によって暗号化（コード化）されている。ゲノム編集で使用される切断酵素は、染色体のＤＮＡのなかから特定の塩基配列をねらって切断できるものである。

遺伝子の編集（書き換え、切り貼り）には、主に二種類が存在する。一つは、ねらった遺伝子を機能させなくすることである。切断された遺伝子のＤＮＡは、再結合するとき、切断された部分のＤＮＡが欠けると、その遺伝子は機能しなくなる。もう一つは、ねらった遺伝子を別の遺伝子で置き換えることである。別の遺伝子のＤＮＡ断片を、切断酵素と同時に細胞に加えると、切断されたＤＮＡの間に別の遺伝子が入り込み、遺伝子を置き換えることができる（本書第５章図３を参照）。

現在、ゲノム編集で使われている切断酵素のうち、代表的なものは「ＺＦＮ（ジーエフエヌ）」、「ＴＡＬＥＮ（タレン）」、そして「ＣＲＩＳＰＲ／Ｃａｓ９（クリスパー・キャス・ナイン）」この三種類である。どの切断酵素も、ＤＮＡに結合する部分（ＤＮＡ結合部位）と、ＤＮＡを切断する部分（ＤＮＡ切断部位）から構成されている。

切断酵素は、ねらった遺伝子の塩基配列をＤＮＡ結合部位で認識して結合する。結合すると、ＤＮＡ切断部位が自動的にＤＮＡを切断する。ねらった遺伝子の塩基配列を、ＤＮＡ結合部位が認識できるように切断酵素を設計しておけば、ねらった遺伝子のＤＮＡを切断することができる。

ＺＦＮは一九九六年に、ＴＡＬＥＮは二〇一〇年に開発された。どちらも自然界には存在しないタンパク質である。ＣＲＩＳＰＲ／Ｃａｓ９は細菌の免疫にかかわる分子として以前から知られていたものだが、二〇一三年にゲノム編集に利用できることがわかり、一気にこの分野を加速させたという。また三種類のうち、ＣＲＩＳＰＲ／Ｃａｓ９が最も使いやすく、ＴＡＬＥＮが最も確実性が高い、といわれている。

ゲノム編集は遺伝子改変のための技術として、従来の「遺伝子組み換え」あるいは「組換えＤＮＡ技術」とどのように異なるのであろうか。

マスメディアでは、従来の遺伝子組み換えでは組み込んだＤＮＡが「どこに組み込まれるかもわからなかった」が、ゲノム編集ではコントロールすることができる、と説明されることがある(14)が、その説明は誤解を招く可能性がある。従来の遺伝子組み換えでも、ねらった場所のＤＮＡを書き換えること、すなわち「ジーンターゲティング」は可能である。たとえば「ノックアウトマウス」は、特定の遺伝子を働かないように遺伝子を改変されたマウスである。特定の遺伝子を、別の特定の遺伝子で置き換える「ノックインマウス」でも同様である。

しかし、遺伝子組み換えとゲノム編集とでは、遺伝子を書き換えられる効率がまったく異なる。従来の遺伝子組み換えでは、細胞に入れた別の遺伝子が、ねらった遺伝子に置き換わる確率が非常に低かった。その成功率は〇・〇〇一パーセントから〇・〇一パーセントとされていたが、ゲノム編集では数パーセントから数十パーセントにも上がったといわれている(15)。

またノックアウトマウス（やノックインマウス）では、父親由来の遺伝子と母親由来の遺伝子がどちらも機能しなくなる必要がある。そのため、ジーンターゲティングでノックアウトマウスをつくるときには、対象とする細胞にＥＳ細胞（胚性幹細胞）を使ったり、数世代に渡る掛け合わせをしたりする必要があり、六カ月から一年もの時間がかかった。しかしゲノム編集は効率がきわめてよいため、ノックアウトマウスをつくるためには、受精卵の遺伝子を直接書き換えて雌の子宮に移植すればよく、数カ月で可能になった。

また従来の遺伝子組み換えとゲノム編集との違いは、効率だけではない。遺伝子組み換えでは、ねらった遺伝子を置き換えるために、別の遺伝子のＤＮＡ断片を入れる必要があった。ところがゲノム編集では、必ずしもその必要がなく、目的がある遺伝子を機能させなくすることだけであるならば、ねらった遺伝子を切断するだけで、その遺伝子を機能させなくすることができる。[16]

「人間での生殖細胞系ゲノム編集」とは？

本章で筆者は「人間での生殖細胞系ゲノム編集」という煩雑な表現を繰り返すが、この表現には二つの前提がある。一つはゲノム編集という技術には、人間以外、つまり動物や植物、微生物を対象とするものがあることである。もう一つは生殖細胞系以外、つまり体細胞を対象とするものがあることである。ここでは、人間と人間への応用を前提とする実験動物としての動物（哺乳類）を重視し、植物と微生物を省略して議論の幅を絞る。そのうえでおおまかに整理すると、ゲノム編集は**表7**のような分類が可能である。

本章で考察するのは主にⅠ、すなわち人間での生殖細胞系ゲノム編集であるが、そのほかのゲノム編集との関係を確認しておきたい。

まずは横軸の「生殖細胞系」と「体細胞」との違いを見ておく。「生殖細胞系」とは聞き慣れない言葉だが、精子や卵子という「生殖細胞」に加えて、受精卵やそれが発生した胚を含めた言葉である。体細胞とは、生殖細胞系以外の細胞、つまり発生・分化が終わった細胞のことである。

微妙なのは、近年話題の多能性幹細胞（いわゆる万能細胞）を対象とする場合である。ＥＳ細胞（胚性幹細胞）は生殖細胞系に、ｉＰＳ細胞（人工多能性幹細胞）は体細胞に含まれそうだが、そう簡単ではない。多能性幹細胞にゲノム編集を行う研究も実施・検討されている。ゲノム編集することによって多能性幹細胞から精子や卵子を分化させて、それらを受精させてゲノム編集された個体をつくる場合には生殖細胞系に含まれるだろう。しかし、多能性幹細胞にゲノム編集を行うことによって、いわゆる再生医療に使う体細胞を分化させるような場合には体細胞に含まれるかもしれない。

縦軸の「人間」と「動物」については簡単であろう。近年の最先端医療は、いきなり人間で試

表７　ゲノム編集の対象による分類

	生殖細胞系	体細胞
人間	I. 人間での生殖細胞系ゲノム編集	II. 人間での体細胞ゲノム編集
動物	III. 動物での生殖細胞系ゲノム編集	IV. 動物での体細胞ゲノム編集

されることはなく、まずは動物実験で安全性や有効性をある程度推測してから、人間での研究、すなわち臨床試験に進むことになる。そのため、Ⅲ、Ⅳは、Ⅰ、Ⅱを目指すための前段階として行われることがある。ただし、たとえば人間の医薬品を動物の体内でつくる「動物製薬工場」や、人間に動物の臓器を移植する「異種移植」用の臓器を持つ動物の作成などにもゲノム編集は応用されるだろう。

なおⅡはいわゆる遺伝子治療であり、現在、臨床試験が進んでいるが、今後はⅠと区別するために「体細胞遺伝子治療」と呼ぶほうがいいかもしれない。

研究やその応用は、おおむね動物（Ⅲ、Ⅳ）から人間（Ⅰ、Ⅱ）へ、体細胞（Ⅱ、Ⅳ）から生殖細胞系（Ⅰ、Ⅲ）へという順序で進む。

そして動物（Ⅲ、Ⅳ）よりも人間（Ⅰ、Ⅱ）が、体細胞（Ⅱ、Ⅳ）よりも生殖細胞系（Ⅰ、Ⅲ）が対象となったとき、一般市民からのものを含む批判的関心は高まり、倫理的な議論の対象となることがより多くなる。もちろん体細胞よりも生殖細胞系のほうが倫理的な議論の対象になることが多いという傾向はゲノム編集に始まったことではなく、多能性幹細胞でも同様である（Ⅱ、Ⅳにはｉ P S 細胞があてはまり、Ⅰ、ⅢにはＥＳ細胞があてはまる）。

人間での生殖細胞系ゲノム編集について考えるうえでもう一つの補助線を引いてみよう。

表8では、対象を人間のみにしぼり、ゲノム編集だけでなく疾患の可能性に着目してゲノムの構造を確認すること、すなわち診断まで含めた分類を、参考までに試みた。横軸の「出生前」と「出生後」はそれぞれ、前の表7における「生殖細胞系」と「体細胞」にほぼ相当する。

縦軸の「診断」は、その人間の将来の健康状態を予測することである。「治療」は、「疾患」の状態を「健康」な状態へと戻してやることである（ここでは「予防」は治療の一種と考える）。そして「能力強化」は、通常の健康という状態に能力を強化することである。

①にはすでに行われている「羊水検査」などの出生前診断があてはまる。②にはすでに行われている、がんなど各種疾患の遺伝子検査などがあてはまる。

ゲノム編集は③、④、⑤、⑥に応用されうる。③、⑤は精子や卵子、受精卵、胚（生殖細胞系）を対象とし、④、⑥はすでに生まれている人間の体細胞を対象とする。ただし、これまで行われてきた遺伝子治療が、遺伝子組み換えを行っているとはいっても、「遺伝子を治療する」というよりも「遺伝子で治療する」という性質のものであったのに対し、ゲノム編集を応用する遺伝子治療では、直接的に「遺伝子を治療する」ことになる。

生殖細胞系のゲノム編集は、③、⑤において応用されることになる。そして「診断」（①、②）や「治療」（③、④）よりも「能力強化」（⑤、⑥）が、「出生後」（②、④、⑥）よりも「出生前」

表8　遺伝学的医療の目的と時期による分類

	出生前	出生後
診断	①(遺伝学的)出生前診断	②（いわゆる）遺伝子診断
治療	③出生前遺伝子治療	④（いわゆる）遺伝子治療
能力強化（エンハンスメント）	⑤デザイナー・ベビー	⑥（いわゆる）エンハンスメント

（①、③、⑤）のほうが、倫理的議論の対象となることが多くなる。

以上、ゲノム編集とは何か、人間での生殖細胞系ゲノム編集とは何か、その倫理的位置づけをおさえたうえで、われわれはやっと、二〇一五年三月以降に起きた出来事を振り返ることができる。

それはある噂から始まった。

ある噂

その噂の主な発信源は、マサチューセッツ工科大学が発行するウェブ雑誌『MITテクノロジー・レビュー』に二〇一五年三月五日付で掲載された「完璧な赤ちゃんを設計・構築（エンジニアリング）する」という記事であった。

同誌の記者アントニオ・レガラドは、全米各地でゲノム編集を研究している研究室を訪問し、その最新の状況について研究者たちにインタビューを行った。

たとえば、彼はハーバード大学のジョージ・チャーチの研究室では、ポスドクのルーハン・ヤンの説明を聞き、彼らが取り組もうとしている研究を紹介する。

研究者らはニューヨークの病院で「BRCA1」という遺伝子の変異によって生じた卵巣がんの手術を受けた女性の卵巣を入手したいと思った。彼らはハーバード大学の別の研究室にいるアンチエイジング専門家デービッド・シンクレアと協力し、研究室で増殖させられる未成熟な卵子を〔その卵巣から〕抽出することになるだろう。ヤンはこれらの細胞に「CRISPR」を使って、BRCA1遺伝子のDNAを修正するだろう。その目的は、女性のがんを引き起こす遺伝学的エラーのない生殖可能な卵子をつくることである。[17]

「BRCA1」というのは、変異があると乳がんなどのリスクが高くなることが知られる遺伝子である。「CRISPR」というのは、前述のようにきわめて高性能なゲノム編集技術の一つである「CRISPR／Cas9」のことである。卵子の染色体DNAに存在するBRCA1の変異をCRISPR／Cas9で修正できれば、それに体外受精を行って生まれた子どもでは、乳がんなどのリスクが低くなる、というのがチャーチらのアイディアである。

出生する前に障害の有無や可能性を検査することを「出生前診断」といい、出生するために障害や疾病を治療することを「出生前治療」という。チャーチらのアイディアは「出生前治療〔予防）」ということになるだろう。あるいは、胎児ではなく受精卵の段階で障害の有無や可能性を検査することを「着床前診断」または「受精卵診断」と呼んで出生前診断とは区別するならば、「受精前治療」あるいは「卵子治療」というところであろうか。

いずれにせよ、これまでの遺伝子治療とは違って、次世代やその次の世代へも影響がおよぶ遺伝子改変であることは間違いない。

レガラド記者は、各地の研究室で聞き取りした情報をまとめて、こう伝えている。

〔略〕ヒトの生殖細胞系エンジニアリング（設計・構築）は、急成長中の研究コンセプトになっている。アメリカでは、少なくともそのほか三つの研究所がこれを研究している。中国やイギリスの科学者たちも同様だ。また、マサチューセッツ州ケンブリッジにあるバイオテクノロジー企業オヴァサイエンス（OvaScience）社も。同社の誇りは、世界でも有数の不妊治療医たちを顧問として抱えていることである。(18)

『ＭＩＴテクノロジー・レビュー』誌がインタビューした複数の人々は、そのような実験がすでに中国で実施されており、胚を編集したその結果は公表を保留されている、と話した。二人の有力な専門家を含むこうした人々は、公式にはコメントしたがらなかった。というの

は、その論文はまだ査読中だからである。(19)

前述したように、生殖細胞系の遺伝子改変は多くの国で制限されているものの、複数の研究者たちがそれを計画している、ということである。そのうち中国のグループがそれを実行し、その結果を論文にまとめ、それがこの時点で査読中だったということだ。

科学論文は通常、研究を実施した研究者がその結果を論文としてまとめ、雑誌の編集部に原稿を送ると、編集部は近い分野の研究者にそれを送り、それが掲載に値するものかどうかを判断するよう依頼する。そのプロセスを「査読（peer review）」という。〝噂〟の流出源はおそらく、この中国のグループによる論文の査読にかかわった研究者たちであろう。

レガラド記者はそれらを集めて記事に盛り込んだ。この記事の内容はツイッターやフェイスブックなどのソーシャルメディアを通じて世界に広がった。

生命科学者からのモラトリアム提案、その一

まるでその〝噂〟に呼応するように、人間での生殖細胞系ゲノム編集に対してモラトリアムを提案したのは、ほかならぬゲノム編集を専門的に研究している生命科学者たちだった。(20)

二〇一五年三月一九日、著名な学者一八人が連名で、米国科学振興協会が発行する学術科学誌『サイエンス』において、「ゲノム操作および生殖細胞系改変に向けた慎重な道筋」と題する提言書を公表した。[21] 著者には、ＲＮＡをＤＮＡへ転写する逆転写酵素の発見でノーベル生理学医学賞を受賞したことなどで知られる分子生物学者デービッド・バルチモアを筆頭として、前述のゲノム編集研究者ジョージ・チャーチ、ＣＲＩＳＰＲ／Ｃａｓ９の開発者として知られるジェニファー・ダウドナ、著名な幹細胞研究者ジョージ・デイリーらが名前を連ねている。生命科学者だけでなく、著名な生命倫理学者ハンク・グリーリーの名前も見られ、彼の意見も反映されていると思われるが、基本的には主流の生命科学者たちによる提言であると理解していいだろう。

バルチモアらは「ゲノム操作テクノロジーは、人間のゲノムやほかの生物のゲノムを改変するための前代未聞の可能性をもたらしている」と、まずはゲノム編集の技術としての可能性を肯定的に評価したうえで、それには「未知のリスク」があることに注意を促す。

〔ゲノム編集技術は〕ヒトにおいては、遺伝性疾患を治療する展望がある一方で、ほかの生物においては、環境や人間社会の利益となる生物圏を形成するための方法となる。しかしながら、そのような途方もない試みにおいては、人間の健康や福祉に対して未知のリスクがともなう。[22]

この提言書によると、彼らは二〇一五年一月、カリフォルニア州ナパに集まって、ゲノム編集技術の「科学的、医療的、法的、倫理的含意」を議論したという。その目的は「ゲノム操作技術の利用について、情報を得たうえでの議論を始めること、将来の動向に対して準備するために行動を起こすことが重要な分野を探し当てること」であった。会議では「ゲノム操作テクノロジーの応用が安全に、かつ倫理的に実施されることを確実にすることを目指す最初の一歩を確認した」という。

この会議は「ナパ会議」と呼ばれている。結果として『サイエンス』に掲載されたこの提言書はナパ会議における議論をまとめたものであるようだ。

彼らは、いくつかのことを提言しているのだが、複数の研究グループがすでにヒトの生殖細胞系でゲノム編集を試み始めていることを知っていたらしく、そうした行為を牽制するかのように、次のように提言する。

ヒトにおける臨床応用としての生殖細胞系ゲノム改変が認められているかもしれないような、法規制が緩い国々においても、そのような行為の社会的、環境的、倫理的含意が科学団体や政府機関で議論されている間には、それを試みることを厳しく思いとどまらせること。[23]

提言書は、生命科学研究が進んでいる国では、人間に対して次世代に影響する遺伝子改変を行うことは「違法であるか、もしくは厳しく規制されている」ことを強調したうえで、それにつながる生殖細胞系ゲノム編集を少なくとも現時点では「思いとどまらせること」によって、この技術の「責任ある利用のための道筋」が見つかるだろう、と述べている。ただし、「もしあるとすればであるが（if any）」とも付け加えられている。

そのうえで提言書はこのように述べる。

ゲノム操作という分野が進化するスピードを考えたうえで、このナパ会議は、ヒトゲノム改変のメリットとリスクについて、科学者や医師、社会科学者、一般国民、関連する公益団体、利益団体による、開かれた議論が急務であると結論した。(24)

まとめると、『サイエンス』に掲載されたナパ会議の提言書は、ゲノム編集の展望自体は否定せず、現時点での人間の生殖細胞系でのゲノム編集について、一時的な停止（モラトリアム）を提案している。動物の体細胞または生殖細胞系でのゲノム編集や、人間でも体細胞のゲノム編集についてては、これまで通り慎重かつ積極的に研究を進めることを前提としているようだ。

こうした論調はこれに続く、一連の科学者コミュニティからの提言にほぼ共通する。本章ではもう一つだけ、生命科学者コミュニティからの提言を紹介する。

生命科学者からのモラトリアム提案、その二

バルチモアらの提言書が公表されてからわずか一週間後、今度は『サイエンス』と並ぶトップジャーナルとも呼ばれる学術科学誌『ネイチャー』において、やはりゲノム編集技術を積極的に研究している科学者たちが同じようにモラトリアムを提言する論評記事を発表した。(25) 題名は「ヒトの生殖細胞系を編集しないで」と、よりストレートなものになっている。著者は、ゲノム編集を研究している企業として知られるサンガモ・バイオサイエンシス社のエドワード・ランヒュナーを筆頭とした五人。こちらにも、まだ学生ながら生命倫理学者一人が含まれているが、やはりあくまでも生命科学者自身による提言とみなしていいものだろう。

この論評記事には、前述の『サイエンス』におけるナパ会議の提言書よりも、やや踏み込んだ記述もある。

こうした研究の倫理および安全をめぐる含意には大きな懸念がある。また、体細胞（非生殖〔細胞系〕細胞）のゲノム編集テクニックの利用をめぐる重要な研究にネガティブなインパク

トをもたらしうる恐れもある。

われわれは全員、この最新分野にかかわっている。[26]

われわれの見解では、現行の技術を使ってヒト胚のゲノムを編集することには、将来の世代に予想できない影響がある。そのため危険で倫理的に容認できないものだ。このような研究は非治療的改変になりうるだろう。われわれが懸念するのは、このような倫理的違反に対する人々の抗議が、治療を目的とする研究開発を妨げうることである。つまり、遺伝しえない遺伝学的変化をもたらすことの研究開発である。[27]

この提言は自分たちが非生殖細胞系、つまり体細胞でのゲノム編集の研究にかかわっていることを大前提としている。そして人間の生殖細胞系でのゲノム編集は「非治療的改変」につながることが示唆される。「非治療的改変」というのは、単に次世代に伝わる遺伝子「治療」ではなく、「エンハンスメント（能力強化）」という意味であろう。彼らは、人間の生殖細胞系でのゲノム編集は「治療」だけではなく「エンハンスメント」にもおよびうる、と述べ、そのような「倫理的違反」には「人々の抗議」がある、と予想している。その「人々の抗議」が自分たちの研究、すなわち人間の体細胞でのゲノム編集の研究開発を妨げることを、この提言の著者たちは懸念しているのである。

彼らの問題意識が、非科学者の懸念も踏まえたうえでのものであることは疑いがない。

たとえ明確に治療を目的とする介入であっても、それを認めることは、私たちを、非治療的遺伝学的エンハンスメントに向かう道へと進ませる可能性があるという理由で、多くの者が生殖細胞系の改変に反対している。私たちはこの懸念を共有する。(28)

しかしながら、その問題意識から導かれる懸念には、科学者あるいはバイオベンチャーとしての立場を守ろうとする意思が背景にあることは、以下のような記述からもうかがい知ることができる。


すべての議論と未来の研究にとって重要なことは、生殖細胞系におけるゲノム編集と体細胞におけるゲノム編集との区別を明確にすることである。科学コミュニティにおける自主的なモラトリアムは、ヒトの生殖細胞系改変を思いとどまらせ、これら二つのテクニックの違いを人々に気づかせるのに有効な方法になりうる。生殖細胞系〔ゲノム〕編集の安全性および倫理的インパクトをめぐる正当な懸念が、深刻な消耗性疾患を治療できるかもしれないアプローチの臨床応用において進んでいる重要な発展を妨げることがあってはならない。[29]

彼らは、「人々」が「生殖細胞系におけるゲノム編集」と「体細胞におけるゲノム編集」を区別できるようにすることの重要性を強調している。よくいえば、一般市民への啓蒙の重要性を説いている真摯な態度であろうが、悪くいえば〝上から目線〟でもあろう。また、幹細胞分野において、胚からつくられるES細胞を受け入れなかった人々も体細胞からつくられるiPS細胞を歓迎（または容認）したことを念頭に置いているようにも思える。

なお生命科学者コミュニティからのモラトリアム提言はこの後も続き、たとえば同じ三月一九日には、国際幹細胞研究学会（ISSCR）も「ヒト生殖細胞系改変についてのISSCRの声明」という題名で、モラトリアムと非科学者も含む公共的な議論を提言した。[30] また五月二八日には、全米科学アカデミー（NAS）と全米医学アカデミー（NAM）が「ヒトの遺伝子編集についてのイニシアティブ」を開始すると発表し、委員会を設立して、ガイドラインなどをつくることが示唆された。[31] 同年七月三一日には、日本遺伝子治療学会と米国遺伝子細胞治療学会が「倫理的な問題などについて社会的な合意が得られ、解決するまで厳しく禁止すべきだ」とする共同声明を発表した。[32] 本章では、これらについては割愛する。

生命倫理学者からの〝反論〟

さて、このように二つの有力な科学学術誌上において、二つの科学者グループから、人間での生殖細胞系ゲノム編集をモラトリアムするよう提言がなされたのだが、これらに対して、思わぬ方向から批判があった。

それはほかならぬ生命倫理学者からであった。

二〇一五年三月三一日、『応用倫理学（Practical Ethics）』というウェブメディアが「生殖細胞系を編集すること――感情ではなく理性が必要なとき」という論評記事を掲載した。(33) 著者は「Gyngell, Douglas, Savulescu」というように、姓のみで三人の連名となっているが、三人目の「Savulescu」は、有名な生命倫理学者で、オックスフォード大学教授のジュリアン・サヴァレスキュであろう。本章では、サヴァレスキュの思想一般には立ち入らず、この論評記事での主張のみを紹介する。

サヴァレスキュらはこの論評記事において、『サイエンス』と『ネイチャー』における生命科学者たちの提言は、人間での生殖細胞系ゲノム編集が次世代に影響することを理由にそのモラトリアムを主張しているが、次世代の人間に影響するのは生殖細胞系ゲノム編集に限ったことではないことを強調する。

〔略〕多くのテクノロジーは未来の世代に対して影響するが、そのことは、それらが危険であったり道徳的に受け入れ難かったりすることを意味するわけではない。インターネットやスマートフォンのような情報技術の未来世代への影響を誰が予想できるだろうか。[34]

彼らはインターネットやスマートフォン以外にも例を出す。たとえば「着床前診断（受精卵診断、PGD）」では、細胞の数が八個である時期の胚からそのうち二つの細胞を抜き取る必要があることを指摘する。「胚の四分の一を切除するのである。これは遺伝子編集よりもはるかに破壊的であろうが、安全であると証明されている。にもかかわらず、着床前診断が導入されたときには、その影響が未来の世代にとってどのようなものになるのか、確かに予想不可能であっただろう[35]」。

また、生殖細胞系ゲノム編集が「非治療的」な使われ方をされる可能性があることも、モラトリアムの理由にはならない、と指摘する。例としてあげるのは、視力矯正のために行われるレーシック手術である。「レーシック手術は非治療的に使うことができるが、そのことは、その治療的利用を制限することを正当化しない[36]」。

手短にいえば、『ネイチャー』における声明は、なぜ遺伝子編集が特別に扱われるべきものであるかを正当化することに失敗している。なぜこのテクノロジーに対する一般的な懸念が、このようなたぐいまれな反対を正当化するのか？　一方で、ほかのテクノロジーに対する同じ懸念は無視されているのに？

モラトリアムを正当化するためには、遺伝子編集が特別な注意を向けられることに値するものであるという論拠を提示する必要がある。(37)

サヴァレスキュらが唯一、『サイエンス』や『ネイチャー』での提言について理解を示すのは「リスク」についてである。しかしリスクについても、生殖細胞系ゲノム編集を特別扱いすることは正当化できない、と指摘する。

意見の一致を見ている研究倫理のグローバルなスタンダードの下においては、被験者に害をおよぼすリスクが高く、利益をもたらす可能性が低い場合には、どんな実験も実施されるべきではない。それゆえ、もし生殖細胞系〔ゲノム〕編集が、目的外変異（off-target mutation）や未知の影響の可能性によってリスクをもたらし、利益がわずかしかない、もしくはまったくないならば、そのような研究は認められるべきではない。このことはヒトの被験者がかかわる研究すべてについて真実である。それゆえ生殖細胞系〔ゲノム〕編集の安全性リスクを指摘することは、なぜそのような研究が現行の研究倫理プロトコルの下では認められる可能性が低いのかを説明する。このことは、このテクノロジー〔生殖細胞系ゲノム編集〕がほかのテクノロジーとは違うように扱われるべきであるという理由を正当化しない。[38]

そのうえで彼らは、『サイエンス』や『ネイチャー』での提言に欠けていることを指摘する。少し長くなるが、彼らの主張の核となる部分を抜き取って引用しよう。

『ネイチャー』と『サイエンス』、どちらの声明からも欠落している重要な事実は、ほかの多くの人間活動がヒトの生殖細胞系の改変を引き起こすということである。たとえば喫煙は、精子のＤＮＡに変異を引き起こし、次世代に伝える。年長の父親たちは若い父親たちよりも生殖細胞系での変異を子どもたちに伝えやすい。このことが意味するのは、遅く父親になることもまた、変異がヒトの生殖細胞系に蓄積する率を増加させるということである。唯一の違いは、これらの変異が完全にランダムである一方で、遺伝子編集は意図的なものであるということだ。しかしこのことはどちらかといえば〔ゲノム〕編集を魅力的にするだろう。ランダムな変異は、意図的な改変とは違って、人間の幸福や繁栄についてはつねに無関心である。遺伝子編集に対する規制を正当化するどんな試みも、なぜ、生殖細胞系の改変にかかわるリスクが、生命を救う可能性のある研究の規制を正当化するほど大きい一方で、父親になる年齢や将来父親になる者たちの生活習慣に対する規制を正当化しないのか、明確に説明する必要がある。[39]

われわれの中心的な主張は、これまで生殖細胞系遺伝子編集に関係して表明されてきた懸念のすべては、どんなテクノロジーにおいても懸念である、ということである。研究倫理というプロセスは、そのような研究における被験者の保護を確実なものとするために存在する。安全でない研究についてはすでにモラトリアムや反対がある。安全性以外に、生殖細胞系編集の研究を規制するための、適切な理由は認められていない。受容されているテクノロジーの多くは非治療的であり、予測不可能な影響があるものである。[40]

サヴァレスキュらは生命科学者でもバイオベンチャー企業の幹部でもないのに「遺伝子編集は革命的なテクノロジーであり、きわめて広い範囲の便益を次世代にもたらす可能性がある」と、発展途上のこの技術を高く評価し、「不当な論拠、無意味な美辞麗句、個人的な興味は合理的な思考を曇らせ、次世代が膨大な便益を受けることを否定する」ことが重要だと説き、「いまこそ感情ではなく、理性が必要なときである」[41]と結んでいる。

二〇一五年九月現在、『サイエンス』と『ネイチャー』で提言を行った科学者グループからサヴァレスキュたちへの反論は見当たらない[42]。

ここには〝奇妙なねじれ〟がある。通常、多くの人々が懸念するような科学技術、とりわけ医療にかかわる技術が登場したさいには、科学者はそれに対して推進ないし容認的な態度を取り、倫理学者は反対ないし批判的な態度を取る、というのが、先端科学技術をめぐる対立の構図の典型であった。前述したように、ゲノム編集の登場以前の人間での生殖細胞系遺伝子改変をめぐる議論でもその構図は維持されていた。ところが、人間の生殖細胞系ゲノム編集に関しては、生命科学者たちが批判し、生命倫理学者たちが容認する、という構図が生じている。

この〝奇妙なねじれ〟を解きほぐす前に、冒頭で述べた〝噂〟の真相を簡単に確認しておこう。

中国の研究チーム、ヒト受精卵をゲノム編集

二〇一五年四月一八日、中国の広州にある中山大学の黄軍就（ファン・ジュンジウ、Junjiu Huang）らは、ヒト受精卵のＤＮＡを編集することによって、「βサラセミア」という血液の疾患を起こす遺伝子異常を修正できるかどうかを調べた結果を論文として報告した。βサラセミアは貧血などを起こす遺伝性疾患で、地中海貧血ともいう。論文は『プロテイン＆セル』というあ

まり知名度が高くない雑誌のオンライン版に掲載された(43)。

黄らは、最も有望なゲノム編集技術として知られるCRISPR／Cas9を使って受精卵の遺伝子を編集した。彼らのねらいがもしうまくいけば、将来的には、βサラセミアの原因となる遺伝子を持つ人は、体外受精卵にゲノム編集を行うことによって、病気を引き起こす変異を遺伝しない子どもを持つことができるようになるかもしれない。

彼らは、体外受精クリニックで受精されたのだが、一つではなく二つの精子が受精してしまった受精卵（三前核受精卵、3PN卵）を入手し、それらを対象にゲノム編集を実施した。彼らは雑誌の取材に「倫理的理由によって、正常な胚での遺伝子編集研究は不可能になったのです」と答えている(44)。

彼らはそのような受精卵八六個にゲノム編集を行い、変異したDNAがCRISPR／Cas9によって正常なDNAによって置き換えられるまで四八時間待った。おおむね八個の細胞からなるもの（八細胞期）になった受精卵七一個のうち、五四個に遺伝子検査を行ったところ、CRISPR／Cas9によって遺伝子が切断されていたのは二四個、正確に遺伝子が編集されていたのは四個であった。しかしこの技術がうまく機能せず、予想外の変異を生じた胚もできた。胚のうちいくつかは「モザイク」、すなわち遺伝子型の異なる二種類以上の組織が混ざった状態となった。ある細胞では修復された遺伝子を持つようになったが、別の細胞ではそうはならなかった、ということである。

彼らはもちろん、この胚を使って誰かを妊娠させようとはしなかった。このような成功とは言い難い結果がわかった後、彼らは研究を中止したという。黄は「もしこれ〔ゲノム編集〕を正常な胚で行いたいのであれば、〔効率や正確さを〕一〇〇パーセントに近づける必要があります」と『ネイチャー』誌のニュースチームの取材に答えている。「だから私たちは中止したのです。いまもこの技術はあまりにも未熟だと考えています」(45)。彼らは、たとえば修復された遺伝子を持つ子どもを誕生させることなど、生殖細胞系ゲノム編集が臨床応用されるようになる前にその正確さを向上させる、という「差し迫った必要性」がある、ということが研究を実施した理由だとも述べている(46)。

また彼らは、この論文を『ネイチャー』や『サイエンス』に投稿していたのだが、「倫理的問題」を理由として却下されたことを明らかにしている(47)。おそらくその原稿を査読した研究者たちが〝噂〟の流出源であろう。

論文の冒頭では興味深いこともわかる。『プロテイン&セル』誌編集部が黄らから投稿された原稿を受けとったのが二〇一五年三月三〇日、論文が受理されたのが同年四月一日と書かれている。査読には二日間しかかかっていないことになる。事実上、査読はなされていないか、ごく形式的な査読しかなされなかったと考えるのが自然であろう。この事実は、編集部や査読者は科学的な成果としてというよりも世間に対する問題提起としてこの論文の公表を決めた、ということであろうか。

さらに興味深いこともある。前述のように生命倫理学者ジュリアン・サヴァレスキュらは、人間での生殖細胞系ゲノム編集のモラトリアムを求めた科学者らを、ウェブメディア『応用倫理学』で批判したが、ほぼ同主旨の内容を論文のようなかたちにまとめなおした文章を、黄らの論文が掲載された『プロテイン＆セル』誌に寄稿しているのである。「遺伝子編集の研究を続けることには、はっきりとした道徳的な理由がある。最新の遺伝子編集テクニックは遺伝性疾患による世界的な負担を減少させ、世界中の何百万もの人々に利益をもたらす可能性がある。この研究は道徳的な義務である」[48]。

生命倫理学者であるサヴァレスキュらは「この研究は道徳的な義務である」とまで述べて、人間での生殖細胞系ゲノム編集の推進を主張しているのだが、黄らの論文が発表されて以降も、ゲノム編集を最も先進的に研究しているはずの生命科学者たちや関連学会はモラトリアムを主張している。ここには確かに〝奇妙なねじれ〟がある。

なお同年八月一日には、有名な進化心理学者スティーヴン・ピンカーがゲノム編集などを例に挙げて、生命倫理（学）および生命倫理学者を「邪魔するな（Get out of the way）」と批判し[49]、それに対して八月三日に生命倫埋学者ダニエル・K・ソコールが「ときには邪魔する必要がある」

と反論する、[50]というやりとりもあった。ここでは本章でいう〝ねじれ〟のない状態が維持されているが、本章では割愛する。

〝ねじれ〟を解きほぐす

最後に〝奇妙なねじれ〟を筆者なりに解きほぐしておこう。前述したように、ゲノム編集の登場以前にも、人間での生殖細胞系の遺伝子改変をめぐる賛否両論はあり、生命科学者がそれに対して容認・推進的な意見を持ち、生命倫理学者を含む人文社会科学者はそれに批判・慎重的な意見を持つ傾向がある。

それを考えると、「モラトリアムを主張する生命科学者」対「推進を主張する生命倫理学者」という対立構造は、確かに、奇妙に見える。だが、よく見てみよう。

生命科学者たちによる二つの提言は、筆者個人としてはゲノム編集研究の当事者として立派な態度であると思う。しかし、どちらも一見周到なのだが、その議論には注意して読むべき特徴が共通して存在する。

第一に、『サイエンス』や『ネイチャー』における生命科学者たちの提言は、ゲノム編集を全面的に否定しているわけではない。動物や植物、微生物のゲノム編集については書かれていないが、おそらく彼らはそれらを否定しないどころか、むしろ推進するだろう。しかし、動物実験（表7のⅢ、Ⅳ）にも生命倫理的な検討は必要であろう。また植物や微生物の遺伝子改変については、生命倫理の立場から検討されることはあまりないように思われるが、隣接分野である「環境倫理」の立場からは検討される必要が間違いなくあるだろう。

第二に、彼らは、人間でのゲノム編集については、生殖細胞系を対象とするもの（表7のⅠ）にはモラトリアムを主張しているが、体細胞を対象とするもの（表7のⅡ）にはむしろ推進的な態度である。というか、体細胞ゲノム編集を「人々の抗議」から守るために、生殖細胞系ゲノム編集のモラトリアムを求め、実施しようとしている者たちを批判しているのである。しかし体細胞ゲノム編集について本当に問題がないかどうかは、何度でも再考が必要ではないのか。たとえば体細胞ゲノム編集は、治療（表8の④）だけでなく、エンハンスメント（表8の⑥）にも使うこともできる。

第三に、提言されているのはあくまでも人間での生殖細胞系ゲノム編集に対する「モラトリアム」であって、「禁止」ではない。提言書ではなく、メディアによる個々への取材では、「私たちはトランスジェニック・ラットではありません」と話し、人間での生殖細胞系ゲノム編集は倫理的な問題があるので行われるべきではない、という私見を述べる者もいれば、社会的なコンセンサスが得られるのならば検討の余地はある、という私見を述べる者もいる。[51]

第四に、生命科学者たちの提言は、人間での生殖細胞系ゲノム編集の「治療」的な実施（表8の③）と「エンハンスメント」的な実施（表8の⑤）との関係をクリアに述べていない。彼らは、生殖細胞系ゲノム編集が「非治療的改変」すなわちエンハンスメントにつながる、とのみ述べている。だが「治療」と「エンハンスメント」を明確に区別して、治療的改変は認め、エンハンスメント的改変は認めないという判断もある可能性には踏み込んでいない。そこまでのコンセンサスは得られなかったのかもしれない。これはおそらく、今後最も大きな論争となるポイントであると思われる。

一方、サヴァレスキュたちから生命科学者たちへの批判についても、その説得力はそれほど強いわけではなく、やはり注意して読むべき特徴がある。

第一に、サヴァレスキュらは、次世代に影響を及ぼす科学技術はそのほかにもあるのに、人間での生殖細胞系ゲノム編集だけを特別扱いするのはおかしいと主張する。しかし、それは二つの提言の著者たちがゲノム編集の研究者だからであり、議論の対象を絞っているからであろう。

第二に、また彼らは体外受精や着床前診断が社会で容認されていることを、提言への批判の根拠として引き合いに出す。だが、社会である程度容認されていても、まったく問題がないわけではない。現実として、いまだにどちらについても生命倫理的、ＥＬＳＩ的な批判的議論が起こることがある。彼らとてそれを知らないわけでもあるまい。

第三に、彼らは検討に値するのは「リスク」だけだと述べている。しかし安全や安心を脅かす可能性としてのリスクというのは、確かに生命倫理の対象にもなりうるが、どちらかというと、まずは生命科学自身が取り組むべき対象であろう。リスクを考慮しない生命科学は、そもそも科学として失格である。問題はリスクだけだというならば、すべてを生命科学にまかしてしまえばよく、生命倫理などはその補助的な存在理由しかないことになる。それとも、サヴァレスキュらはまさにそう考えているのだろうか。

そして科学者たちのモラトリアム提言も、サヴァレスキュらの批判も、あまり深く掘り下げていない論点がある。それは人間での生殖細胞系ゲノム編集に向き合う社会をめぐる論点である。

一般的に「存在するもの／しないもの」という区別と、「必要であるもの／でないもの」という区別とは、原理的には異なる種類の区別である。言い換えれば、「それは存在するのか」という問いと、「それは必要であるのか」という問いは、まったく異なる問いである。つまり物事には「存在し、必要であるもの」もあれば、「存在するが、必要でないもの」もある。同様に「存在しないが、必要であるもの」もあれば、「存在せず、必要でないもの」もある。

人間での生殖細胞系ゲノム編集については、ZFNなどの高度なゲノム編集技術が登場して以降は、「存在しないもの」から、少なくとも理論的には「存在するもの」へと変貌した。しかし、「存在するもの」が「必要であるもの」とは限らない。

では、現時点での最良の医療と福祉が病者や障害者に無条件で提供される社会と、それらが提供されない社会との違いを想像してみよう。あるいはもっと一般的に、誰もがただ生き延びるために過剰な競争を強いられる社会と、誰もが安心してゆったりと生活できる社会との違いを想像してみよう。誰もが現時点で最良の医療と福祉を享受することができ、誰もが競争を強いられることなくゆったりと生活できる社会では、生殖細胞系ゲノム編集は、強く必要とされるだろうか。そのような社会では、それは「存在するが、必要でないもの」となる可能性もあるだろう。だとすれば、改変する必要があるのは、遺伝子なのか、社会なのか。

さらなる議論の深化に向けて

以上、本章では、中国の研究グループが人間での生殖細胞系ゲノム編集を実施したという噂にともなって勃発した論争を検討してみたが、どちらの側にも説得力の不十分さは拭えない。

この不十分さの背後からはある可能性が浮かび上がる。両者は一見対立しているように見えるのだが、それは現時点だけで、将来的には、手を結ぶ可能性があるのではないか。時間が経ち、リスクをある程度まで技術的にコントロールできる見込みが出てきて、人間での生殖細胞系ゲノム編集をたとえば「治療」目的のみといった条件付きで行ってもよいとする社会的な風潮が少しでもできそうになったときには、いまモラトリアムを主張している生命科学者たちもその大半は見解を変えて推進・容認にまわり、サヴァレスキュのような見解を持つ生命倫理学者たちは彼らの力強い支援者となるだろう。

しかし、そのような生命科学と生命倫理との安易な結託は、実害の発生を含む社会的な問題を生むことにはならないだろうか。

小林傳司は「科学技術は専門家だけに任せるには重要すぎる存在である」という主張を前提として、科学者から一般市民へ、という一方的な「啓蒙」には限界があり、双方向の「科学技術コミュニケーション」の重要性が高まっていることに注意を促す[52]。

二〇〇四年の時点での小林の指摘は、「開かれた議論」が急務であるというボルチモアらの提言[53]、「議論には、専門家や学者だけでなく一般市民も加わるべきである」というランヒュナーらの提言[54]、そして「専門家による討論会を実施したり、国際会議を開いたりすることは重要であるが、一般市民による公共的な対話 (public dialogue) が、生殖細胞系ゲノム編集の社会的に許容可能な利用方法——もしあるとすればであるが (if any) ——を形成したり、この技術が濫用される可能性を回避したりするために重要になるだろう」という石井らの主張[55]と重なる。

そしてこれらのすべては、二〇〇一年の時点でのユルゲン・ハーバーマスの提案を引き継いでいるようにも思える。

新しい技術に直面してわれわれは、文化的生活形式がそれ自身としてどういうものであるべきか、その正しい理解についての公共の論議《ディスクルス》をせざるを得なくなっている。そして哲学者たちは、この論争主題を、バイオ科学者や、サイエンス・フィクション好きの技術者たちだけに委せておいていいというもっともな理由は見出せないのである。(56)

小林の議論で興味深いのは、この科学技術コミュニケーションが科学技術の「シビリアン・コントロール」のために必要不可欠である、と述べていることである。シビリアン・コントロールとは、「文民統制」と訳されるように、ようするに「軍隊の最終的な指揮権は軍人にはない」ということである。近代国家では、国家を防衛する能力と同時にクーデターを起こす能力を持つ軍隊の暴走を制御するための重要な原則とされているものだ。「これとよく似た事情が科学技術についても起こっているように思える」と小林は分析する。(57)

だが、科学技術コミュニケーションの結果、たとえば「容認」のコンセンサスがある程度できたとしても、それで問題がまったくなくなるわけではない。

米本昌平は、米国では生命倫理の勃興とともに、各種ガイドラインと各種委員会によって、先端医療における被験者を保護する規制体系が形成された歴史を紹介し、その体系を「ガイドライン＝委員会体制」と呼んだ。(58)実践的な政策としての生命倫理の核が「ガイドライン＝委員会体制」であるならば、まさにそれは「シビリアン・コントロール」として機能するはずであり、機能するべきものであろう。[59]

「ガイドライン＝委員会体制」は国家によるシビリアン・コントロールということになろうが、「双方向の科学技術コミュニケーション」、「開かれた議論」、「対話」、「公共の論議」は、一般市民からのシビリアン・コントロールとして機能する可能性がある。

しかしながらサヴァレスキュのような見解を持つ生命倫理学者たちの主張は、「シビリアン・コントロール」からは遠いところにある。

だが幸いにも生命倫理学、いや生命倫理学も含まれる人文社会科学には、ゲノム編集の登場以前から、人間での生殖細胞系遺伝子改変をめぐる批判的議論の蓄積がある（筆者にはとりわけ前述のサンデルとハーバーマスの議論が重要に思われる）。それらの議論が、ゲノム編集が登場した後の世界においてもなお有効かどうか、あらためて検証し直すことなどが筆者の今後の課題となるだろう。あるいは、それらを土台として、新しい批判的議論を自ら展開することが、である。

（追記）

本章の原型となった論考を脱稿した後の二〇一五年一二月三日、ワシントンで、「国際ヒト遺伝子編集サミット」という国際会議が開催され、妊娠させないことを条件に、人間の生殖細胞系にゲノム編集を基礎研究として行うことを容認する内容の声明がまとめられた。委員会メンバーには、『サイエンス』での提言の著者にもなっているボルチモア、ダウドナ、デイリーが含まれており、結果として中国グループの研究を追認したことになる。[60]これは一見、前述の提言から一歩踏み出したようにも見えるが、提言で「思いとどまらせること」が必要だと述べたのは「臨床応用（つまり妊娠・出産を含むこと）」であって、「基礎研究（つまりラボでの実験のみ）」ではない。

第5章　生殖細胞系ゲノム編集とメディカルツーリズム

はじめに

筆者が初めて、ヒトの生殖細胞系ゲノム編集を論じてから、[1] 二年が過ぎた。そのときには、ヒトの生殖細胞系（精子、卵子、受精卵、胚）を対象としたゲノム編集実験は、わずか一件しか報告されていなかったが、二〇一七年一一月現在、計八件が論文として報告されている。また複数の研究機関で研究が進められていることが伝えられている。

しかも二年前には、ヒトの生殖細胞系に限らずゲノム編集の倫理的問題を論じた文献はほんのわずかしかなかったが、現在では学術論文以外にも一般向け書籍なども含めて、数えきれないほどのものが刊行されている。二〇一七年一一月一日現在、たとえば生物医学論文のデータベース「パブメド（PubMed）」を、「((genome editing) OR (gene editing)) AND (ethics)」で検索すると、短報的なものも含めて一〇一件の文献が見つかる。「グーグル・スカラー（google scholar）」などそのほかのデータベースにおいても同様である。二年前のことを思い出せば、隔世の感がある。

おそらく最も先進的にこの問題に取り組んできたのは、生命倫理学者の石井哲也であろう。石井は後述するように早くも二〇一四年の時点で、生殖細胞系への遺伝子改変に対する世界各国の規制状況を網羅的に調査し、規制の厳しさには国によってかなりの差があることを明らかにして、国際的なコンセンサス形成の必要性を主張した。[2] この論文は現在まで参照し続けられている。石井が日本国内のメディアだけでなく『ネイチャー・ニュース』のような国際的な科学メディアからもしばしばコメントを求められ、国内外のシンポジウムなどにも登壇し続けているのは、この論文に続く一連の研究[3]が評価されているからであろう。数ある石井の論考のなかでも、本章の関心からは、「目的外変異」や「染色体異数性」、「モザイク」といった、結果の「不確実性」を理由として生殖細胞系ゲノム編集の「臨床応用」に向けた「生殖医療」は開発されるべきではないとしつつも、こうした不確実性こそが発生学的な研究のさらなる必要性を強調する、とした論文が興味深い[4]。

石井は生殖細胞系ゲノム編集、とくにその臨床応用には慎重である。この問題を論じる研究者の多くが同様である。生殖細胞系ゲノム編集の概要や研究の現状、歴史をざっと説明し、論点を整理して提示し、一般市民も含めた議論の必要性を主張する、というのが典型的なパターンである。[5] 生命倫理学者だけでなく、生命科学者も同様に慎重で、たとえばゲノム編集を飛躍的に発展させた「CRISPR／Cas9（クリスパー・キャス・ナイン）」を開発したジェニファー・ダウドナも、慎重な姿勢をしばしば表明している。[6]

一方、著名な生命倫理学者のなかには、生殖細胞系ゲノム編集に積極的な者もいる。たとえばジュリアン・サヴァレスキュは、慎重になる理由のほとんどは不十分で、その研究開発は「道徳的な義務である」とまで断言する。[7] 筆者は、生命科学のコミュニティが生殖細胞系ゲノム編集の臨床応用にモラトリアムを提言してまで慎重な姿勢を示した一方で、生命倫理学者であるサヴァレスキュらがそうしたモラトリアム提言を激しく批判し、むしろ積極的な姿勢を示したという経緯を「奇妙なねじれ」と呼んで、分析したことがある。[8]

筆者が二〇一六年の秋に記者の仕事として複数のゲノム編集研究者にインタビューしたとき、何人かが「メディカルツーリズム」（後述）の可能性に言及した。筆者はこれまで生殖補助医療技術や幹細胞治療などの先端医療技術がメディカルツーリズム化してきたことを知っていたので、その指摘に説得力を感じた。しかしながら、生殖細胞系ゲノム編集の倫理問題を論じた文献の中で、メディカルツーリズムの可能性という論点に言及したものは意外にも少ない。パブメドを「((genome editing) OR (gene editing)) AND (medical tourism)」で検索して見つかるもの、つまり「メディカルツーリズム」を題名に含めて論じているものは、後述するアルタ・チャロの短い論考のみである[9]。米国科学アカデミーが二〇一七年二月にまとめた重厚な報告書も、チャロの論考を踏まえながら「(国境を越える)包括的な規制の必要性を強調することが重要である」と指摘するのみである[10]。

筆者は、生殖細胞系ゲノム編集の倫理問題を深く検討するためには、メディカルツーリズムの可能性という論点を全面的に取り入れる必要性があると考える。本章では、これまで普及してきたさまざまな先端医療技術の動向を踏まえる限り、ヒトを対象とするゲノム編集は、いわゆるデザイナー・ベビーも含めて、メディカルツーリズム(医療観光)として実施され、普及する可能性が高く、それが引き起こしうる問題はより複雑でより解決困難なものとなる可能性を論じる。

そのために、まずこれまでの拙稿などとの重複を恐れず、ゲノム編集、とくにヒトの生殖細胞系ゲノム編集とは何かを解説し、これまで指摘されてきたその問題点をあらためて整理する。次に、メディカルツーリズムやそれが生じる原因の一つでもある国際的な規制の格差について論じる。その後、これまでに普及してきた先端医療技術を列挙し、それがメディカルツーリズム化してきた過程など生殖細胞系ゲノム編集を考察するうえで重要な要素を抽出する。最後に今後を展望する。

本章は必然的に、事実の記述や分析のみならず、予想の側面を持つことになる。そうした予想を踏まえて、対策の方向性を提案する。

生殖細胞系ゲノム編集とは？

「ゲノム編集」とは、生物の遺伝情報が暗号として書き込まれているDNAを、あたかもワープロソフトで文章を編集するように切り貼りする技術である。[11]「遺伝子編集」と呼ばれることもある。ゲノム編集はこれまでの「遺伝子組み換え技術」とどう違うのかを簡単に確認しておく。

これまでの遺伝子組み換え技術では、ウイルスなどを「ベクター（運び屋）」として使って組み込みたい遺伝子を細胞に導入していた。しかし、その遺伝子が細胞側のDNAのどこに組み込まれるかはランダムで、制御することはできなかった。DNA上の狙い通りの位置に組み込むことができる方法もあるが、その効率はとても低く、そのため対象となる細胞の種類が限定されるという技術的な限界があった。

ゲノム編集では、DNAを切る「ハサミ」の役割をする酵素と、狙った位置にそれを導く「ガイド役」の分子が一組になって働く。この一組が細胞の中に入ると、ガイド役分子が狙った位置を見つけ出し、ハサミがDNAを切って遺伝子を壊す。切って壊すことだけでなく、新しい遺伝子を組み込むこともできる（**図3**参照）。

ゲノム編集は、いままではその「第一世代」と呼ばれるZFN（ジンク・フィンガー・ヌクレアーゼ）が一九九六年に開発され、「第二世代」と呼ばれる「TALEN（タレン）」が二〇一〇年に開発された。そして「第三世代」と呼ばれる「CRISPR／Cas9（クリスパー・キャス・ナイン）」が二〇一三年に開発されると、簡単に使えることなどが注目され、一般メディアでも取り上げられるほど広く普及した。一般的には、この三種類のうちCRISPR／Cas9が最も使いやすく、タレンが最も確実性が高い、といわれている。

その応用方法は広範囲におよぶ。たとえば食料分野では、大きなタイや肉付きのいいウシ、病気になりにくいイネなどの研究開発が進められている。医学分野では、体細胞ゲノム編集を使った治療法の臨床研究がすでに始まっており、すでにHIV（エイズ）などで期待できそうな結果が出ている。iPS細胞（人工多能性幹細胞）と組み合わせて、再生医療に応用されることなども提案されている。

ゲノム編集は、対象となる種を人間のみに限定し、実施の目的と対象となる細胞で分類すると、**表9**のような四種類に大きく分けられる。

列（縦の並び）は、改変の目的の違いを示している。疾患の状態を健康な状態へと導くことが「治療」である。それに対して能力強化（エンハンスメント）は、身体を通常以上の状態へと導くことをいう（美容整形、ドーピングなどが典型的である）。前者は「医療的目的」、後者は「非医療的目的」といわれることもある。

行（横の並び）は、対象となる細胞による違いを示している。ゲノム編集を行う対象が体細胞

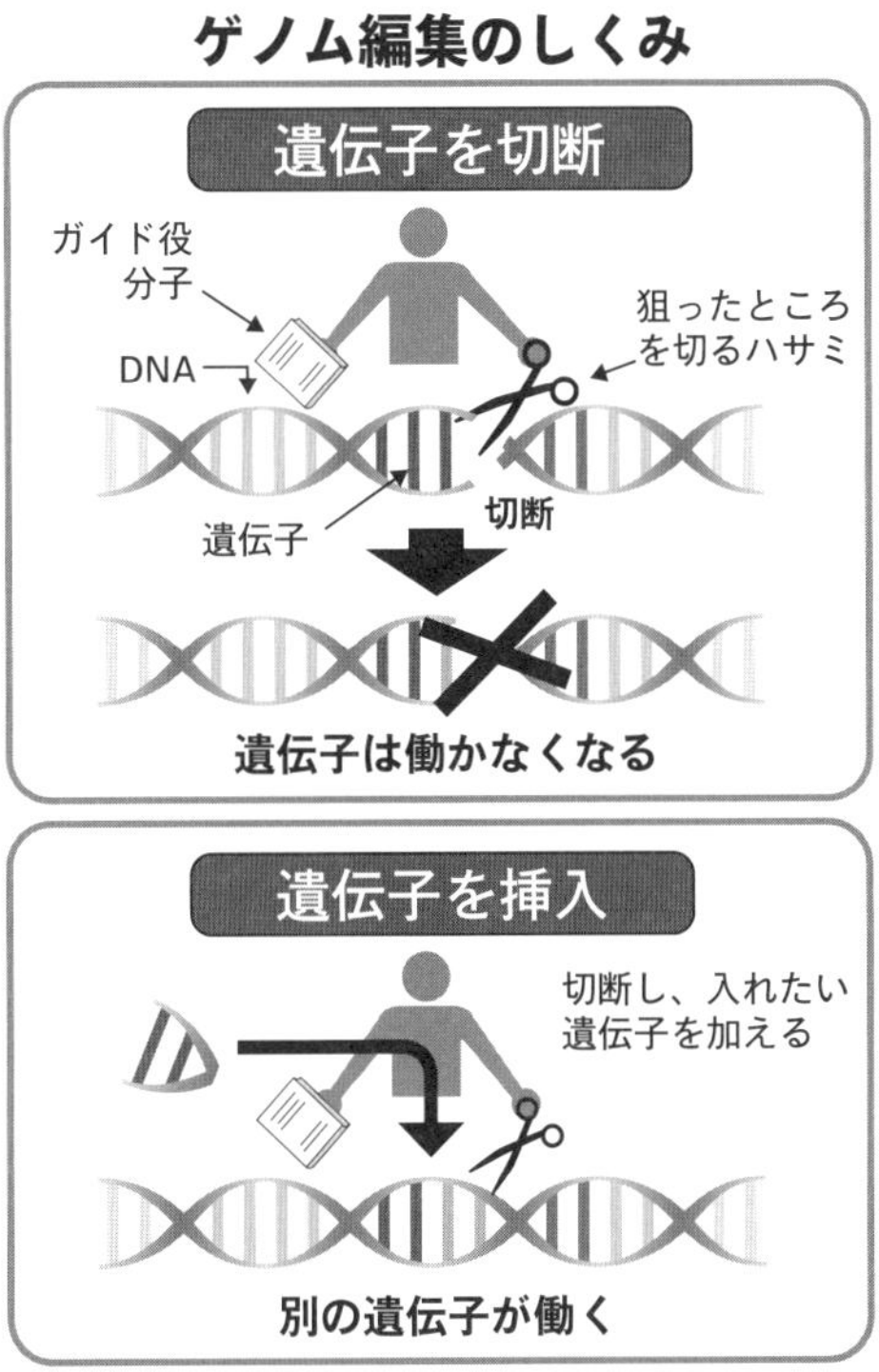

図3　ゲノム編集のしくみ
出典：粥川準二「「神の領域」に近づくゲノム編集　人間での研究はどこまで許されるか」、『AERA』2016年9月12日号のイラストを参考に作成。

表9　ヒトゲノム編集の4類型

	体細胞	生殖細胞系 （精子、卵子、受精卵、胚）
治療（医療的目的）	ゲノム編集治療	ゲノム編集出生前治療
能力強化（非医療的目的）	ゲノム編集エンハンスメント	ゲノム・デザイン （「デザイナー・ベビー」）

であるなら、遺伝子を改変された結果がその子孫に伝わることはない。このタイプのゲノム編集を「体細胞ゲノム編集」という。しかし対象が受精卵や初期胚、精子、卵子なら、その改変の結果は子どもや孫、その後の子孫に伝わる。受精卵や初期胚、精子、卵子のことをまとめて「生殖細胞系（germline）」と呼び、こうした改変が子孫に伝わる細胞を対象とするゲノム編集を「生殖細胞系ゲノム編集」という。日本のマスメディアは「受精卵ゲノム編集」と呼ぶことが多いが、本章ではより正確に「生殖細胞系ゲノム編集」と呼ぶことにする。[12]

本章では、体細胞に治療を目的としてゲノム編集を行うことを「ゲノム編集治療」と呼ぶ。同様に、体細胞に能力強化を目的として行うことを「ゲノム編集エンハンスメント」と呼ぶ。それに対して、生殖細胞系に治療を目的としてゲノム編集を行うことを「ゲノム編集出生前治療」と呼び、生殖細胞系に能力強化を目的として行うことを「ゲノム・デザイン」と呼ぶことにする。なおしばしば「デザイナー・ベビー」と呼ばれるものは、ゲノム・デザインの結果として生まれる子どものことである。[13]

人間のゲノム編集について、倫理的な懸念が指摘されるのは、多くの場合、生殖細胞系ゲノム編集である。[14]

もしある人が重篤な遺伝性疾患の原因となる遺伝子を保有しているとしたら、それを子どもや孫に遺伝させないようにするために、生殖細胞系ゲノム編集を使うことが将来的にはできるようになるかもしれない。体外受精を行い、受精卵のDNAから原因遺伝子をゲノム編集で取り除いてから、子宮に移植して出産するのである。これも一種の治療または予防だと考えられ、「出生前治療」と呼ぶこともできる[15]。

しかし同様のことを、髪の色や身長といった外見、筋力や認知機能といった能力にかかわる遺伝子で行えば、ゲノム・デザインとなり、能力強化＝エンハンスメントされた「デザイナー・ベビー」を誕生させられる可能性があり、しばしば議論の対象となる。

それはおそらく、問題となりうることが有効性や安全性だけに限定されないからであろう。先端医療技術を論じるさい、有効性や安全性に限定されない、倫理的あるいは社会的な問題群のことを「ＥＬＳＩ（倫理・法律・社会的問題）」と呼ぶが、単に「倫理的問題」と呼ぶことも多い。

生殖細胞系ゲノム編集の問題点

科学者たちの多くはヒトの生殖細胞系ゲノム編集を実施することに慎重である。二〇一七年一一月現在までに論文として報告されたヒト生殖細胞系ゲノム編集の実験は、前述したように八件[16]であり、それぞれで行われたことや判明したことを簡単に整理したものが**表10**である。

日本でこの生殖細胞系ゲノム編集が専門家以外にも広く知られるようになったのは、二〇一五年四月、中国の中山大学の研究グループが世界で初めてヒトの受精卵にゲノム編集を行ったと発表したことが大きく報じられたとき以来であろう。同グループは「βサラセミア」という遺伝性疾患の原因となる遺伝子をCRISPR／Cas9で改変したことを専門誌で発表した。

この第一例を含む八例中六例までは、中国の研究グループによるものである。おそらく中国では規制があまり厳しくないからであろう。また第四例目のファーストオーサーも中国系のようだが、偶然だと思われる。

第一例、第二例、第五例、第六例で実験対象として使われたのは、受精卵は受精卵でも「3PN卵」と呼ばれ、体外受精のさい二個の精子が受精してしまい、発生できなくなった特殊な受精卵である。研究者らは体外受精で生じて廃棄することになった3PN卵を、体外受精クリニックを通じて、提供者となる不妊カップルによるインフォームドコンセントを経て入手した、という。つまりこの研究のために つくられた受精卵でもなければ、一人の人間になりうるものでもない。由来としては、ES細胞（胚性幹細胞）をつくるさいに使われる「余剰胚（体外受精でつくられたが、廃棄されることが決まった胚）」に近いが、子宮に戻しても胎児へと発生することはないとされるものである。

一方、第三例と第四例では、この研究のために、遺伝性疾患の患者の精子を、提供者の卵子と受精させてつくった正常な受精卵が使われている。第六例では、体外受精で生じたが、廃棄され

表10　これまでに報告されたヒト生殖細胞系ゲノム編集実験

	報告者・文献	実験対象	標的遺伝子（関連疾患）	方法	成功率*（ゲノム編集でできた胚／ゲノム編集した受精卵）	目的外変異	モザイク
1	Liang et al., *Protein & Cell* 6(5), April 18, 2015	3PN卵	*HBB*（βサラセミア）	CRISPR/Cas9	約4.7%(4/86)	見つかった	あり
2	Kang et al., *Journal of Assisted Reproduction and Genetics* 33(5), April 6, 2016	3PN卵	*CCR5*（HIV）	CRISPR/Cas9	約9%(4/45)	見つからなかった	あり
3	Tang et al., *Molecular Genetics and Genomics* 292(2), March 1, 2017	この研究のために作製した正常受精卵	*HBB*（βサラセミア）、*G1376T*（ソラマメ中毒）	CRISPR/Cas9	約17%(1/6)	見つかった	あり
4	Ma et al., *Nature* doi: 10.1038/nature23305, August 2, 2017	この研究のために作製した正常受精卵	*MYBPC3*（肥大型心筋症）	CRISPR/Cas9	約72%(42/58)	見つからなかった	なし
5	Li et al., *Protein & Cell* 8(10), August 19, 2017	3PN卵	*HEK293 site 4*（未詳）、*RNF2*（未詳）	「塩基編集」	約94%(32/34)	見つかった	未詳
6	Zhou et al., *Protein & Cell* 8(10), September 5, 2017	3PN卵	*HBB*（βサラセミア）など	「塩基編集」	約73%(50/68)	見つかった	未詳
7	Norah et al., *Nature* doi: 10.1038/nature24033, September 22, 2017	体外受精における余剰胚（正常胚）	*Oct 4*（発生関連遺伝子）	CRISPR/Cas9	約81%(30/37)	見つからなかった	未詳
8	Liang et al., *Protein & Cell* doi: 10.1007/s13238-017-0475-6, September 23, 2017	この研究のために作製したクローン胚	*HBB*（βサラセミア）	CRISPR/Cas9を応用した「塩基編集」	40%(8/20)	見つからなかった	あり

*論文の主張の中心を示すと思われる数字を抽出した。ただし分母と分子の定義は論文によって異なる可能性がある。論文そのもののほか、『ネイチャー・ニュース』や『ニューサイエンティスト』などの解説記事を参照して記述したが、あくまで参考的な数字であるということをご了承いただきたい。

ることが決まった正常胚、すなわち「余剰胚」が使われている（一細胞の段階で凍結されたものなので、正確には「余剰受精卵」というべきかもしれない）。第七例では、患者の体細胞と提供者の卵子を使って、わざわざ「クローン胚」が使われている（こちらもゲノム編集を行う段階のものは「クローン卵」と呼ぶべきかもしれない）。

八例中五例では、ゲノム編集にはＣＲＩＳＰＲ／Ｃａｓ９が使われているが、三例では、「塩基編集」と呼ばれる、一つの塩基だけを入れ替えられる方法が試されている。

いくつかの研究の意図には疑問が生じうる。第二例のＨＩＶは性的接触で感染することが多い感染症であり、当然ながら性行為や輸血を通じてエイズウイルスに感染しなれば発症することはない。この研究はまるで「ＨＩＶ耐性人間」をつくること（ゲノム・デザイン？）の予備実験のように見える。第三例の「ソラマメ中毒」というのは、ソラマメを食べると中毒症状を起こすある種の体質と考えられているものだが、わざわざ受精卵レベルで遺伝子を改変してまで改善すべきものには思えない。第一例と第三例のβサラセミアにはゲノム編集ではない遺伝子治療、第四例の肥大型心筋症には受精卵診断（ＰＧＤ）、という代替案がそれぞれ存在するので、技術的側面と倫理的側面の両方から、メリットとデメリットを厳密に比較すべきであろう。選択肢が多くなるのは好ましいとも考えられるが、対処方法の研究対象として生殖細胞系ゲノム編集が優先されるべきものかどうかは再考の余地がある。

また第四例については、解釈の間違いが指摘されている[17]。

なおいずれの研究においても、ゲノム編集で遺伝子を改変した後の胚を子宮に移植することは、最初から計画されなかった。どのグループも、各グループが属する研究機関の倫理委員会も、時期尚早と考えているのであろう。

最初の報告以来、生殖細胞系ゲノム編集をめぐる議論が盛んになり、多くの技術的問題と倫理的問題が指摘されてきた。またそうした問題のなかには、後述するメディカルツーリズムにつながり、より解決困難になるものもある。以下、実際に生殖細胞系のゲノム編集を行って子どもをもうける場合（臨床応用）に生じうる問題を挙げてみる。

第一に、人間の進化に介入することがどこまで認められるのか、社会におけるコンセンサスがないこと。そもそも生殖細胞系のゲノム編集は認められるか、認められるとしたら治療や予防までか、それともゲノム・デザインも認めるか、それぞれ認められる場合には条件をどう定めるか、といったことが問われる。

仮に、米国科学アカデミーが行った判断[18]のように目的を「重い疾患や障害の治療や予防」に限定するとしても、「重い疾患や障害」と「軽い疾患や障害」との境界線ははっきりとせず、さらにいえば、出生前での「治療や予防」とゲノム・デザインとの境界線もはっきりしない。認められることと認められないこととの間の境界線は曖昧にならざるを得ない。

たとえば筋ジストロフィーは、一般的には「重い障害」であろう。ただし、その患者が住む国や地域の医療や福祉の制度、家庭の経済状況などによって、その「重さ」は必然的に異なってくるはずだ。また、筋ジストロフィーの原因遺伝子を機能しないようにゲノム編集することでその発症を防ぐことができるとしたら、同じことは筋力の強化にもつながる可能性がある。患者の障害の進行状況に合わせて、その筋力が「正常」の範囲にとどまるよう調整し続けるなどの対応が必要になるか、幸いにも障害が進行しなかった場合にはスポーツなどで有利になるほど、「正常」以上の筋力を持たせてかまわないのかが問題になる。そのような微妙な調整の継続は技術的にも困難であろう。

第二に、生殖細胞系ゲノム編集を経て生まれてくる子どもたちは、親が決めた生物学的条件を持たされて生まれることになるが、彼らは原理的にインフォームドコンセント（情報を得たうえでの同意）をすることができないこと。ドイツの社会学者ユルゲン・ハーバーマスは早くも二〇〇一年の段階で、次世代に伝わる遺伝子改変について議論したさいにこの問題を指摘している。

〔略〕同意は、胚に治療操作を行う場合には最良の場合でも事後的にしか確認できない。[19]

ただ彼は「同意を想定することは、おそらくすべての人がいやがることが予想される明らかにひどい疾患を防ぐ場合にのみ適用できるであろう」とも述べている（傍点原文のママ）[20]。前述したように、「ひどい（重い）疾患」と「軽い疾患」との境界は曖昧だが、ハーバーマスに倣うならば、どんな者にとっても「ひどい疾患」であるとのコンセンサスを得られる疾患の原因遺伝子を編集することは倫理的に認められる可能性があることになる。

第三に、技術的な問題として、安全性の問題があること。ゲノム編集の安全性の問題としては、目的ではないDNAに変異をもたらしてしまう「目的外変異」と、ゲノム編集できた細胞とできなかった細胞が混ざってしまう「モザイク」が頻繁に挙げられる。前者では、改変をもたらしてはならない遺伝子を変異させてしまうことで先天的な健康問題が生じる可能性があり、後者では、希望通りの特徴を十分に得られない可能性がある。生まれてくる子どもたちに健康問題の可能性をあらかじめ持たせてしまうことは倫理的に容認できるかどうかが大きな問題になる[21]。一方、目的外変異もモザイクも動物実験でしばしば観察されてきたが、ヒトでの四例を見る限り、徐々に克服されつつあるようにも見える。効率についても同様である。こうした安全性や有効性における限界は、あくまでも技術的な問題なので、テクノロジーの進歩によってある程度までは解決されるかもしれない。ただし一〇〇パーセント確実なものになるとは考えにくい。

そのうえで、一つの遺伝子が二つ以上の役割を持ちうることを考慮する必要もある。たとえばHIVのゲノム編集治療では、「CCR5」という遺伝子を切って壊し、働かなくさせることで

HIVが細胞に入りにくくする。だがこの遺伝子を働かなくさせると、西ナイル熱にかかりやすくなってしまうことが知られている。[22] 生殖細胞系で行えば、当然ながらその特徴は次世代にも受け継がれることになる。「現時点ではいいことだとしても、将来的にはよくないことになるかもしれない」、「人類の可能性をつぶすことにもなりかねない」と指摘する専門家もいる。[23]

第四に、コストがきわめて高くなりうること。生殖細胞系ゲノム編集は、出生前治療であれゲノム・デザインであれ、おそらくきわめて高価になる。保険への収載などインフラ化はきわめて困難であろう。仮に、国内の「自由診療」を謳う富裕層向けクリニックが、あるいは規制の緩い国々の同様なクリニックが、これをサービスとして提供したとしたら、高額を払って恩恵を得られる患者と得られない患者との間で不平等（機会の不平等）が生じるだろう。

またゲノム・デザインはその高価さから、すでに存在する社会的な不平等を悪化させる可能性がある。裕福な親は、子どもが社会的に有利になるよう身長や知能を高くしたデザイナー・ベビーを得られるかもしれないが、それをできない貧しい親子たちとの不平等（結果の不平等）はさらに広がるだろう。

ただし現時点で可能性がもっと高いことは、内外のクリニックが「最新のゲノム編集技術を応用」などと称して、実際には有効性も安全性も明らかではない処置を高額なサービスとして提供することである。

その結果、親の希望通りにゲノムが編集されなかった子どもが生まれたり、あるいは目的外変異などの影響によって先天的な健康問題を持った子どもが生まれたりした場合への対応などが問題になりうる。

たとえば非侵襲的出生前診断（いわゆる新型出生前診断）を受ける妊婦が年々増えていること、そのうえ確定診断で胎児の染色体異常が確定した場合には、大部分が人工妊娠中絶を選ぶと報告されていることを考慮すれば、[24]同様のことが生殖細胞系ゲノム編集でも起こる可能性は十分に考えられる。そのため目的通りにゲノムを編集できたかどうか、目的外変異やモザイクが生じていないかどうかをチェックするために、受精卵診断などを併用することになると予想されるが、コストがさらに上がるうえ、それでも不確実性をゼロにすることはできないだろう。また安さや早さを売り物とするクリニックがそれを省略する可能性もある。親の希望通りにゲノムが編集されなかった子どもや、目的外変異などの影響によって先天的な健康問題を持った子どもが実際に生まれた場合には、より複雑な問題が生じうる。

規制の格差

二〇一六年二月一日、イギリスのフランシス・クリック研究所が、人間の受精卵にゲノム編集を試みる研究について、同国の政府機関「ヒト受精・胚研究認可局（HFEA）」の承認を得たと発表した。研究者らは体外受精で使われないことが決まった受精卵（ないし初期胚）のゲノムを編集することで、ヒトの発生に重要な役割を持つ遺伝子を調べる。子宮への移植は行わない。国家機関がヒトの生殖細胞系ゲノム編集を認めたのは世界で初めてだと思われる（HFEAは体外受精を含め、人間の受精卵や胚を扱う臨床や研究をすべて規制する政府機関である）。二〇一七年九月、この研究の結果は論文として公表された。[25]

生殖細胞系ゲノム編集に対する規制の厳しさは、国によってさまざまであり、法律で明確に禁止している国もあれば、強制力のないガイドラインで規制している国もある。つまり規制の厳しさには、国家間で格差がある。

たとえばアメリカは「ヒト胚を改変することに連邦予算を使うことを許していないが、はっきりとゲノム編集を禁止しているわけではない」と解説される。[26] 同国議会は二〇一六年の議会歳出法の追加条項によって、ヒト胚の遺伝子を操作することになる研究申請を審査することに食品医薬品局（FDA）が予算を使うこと自体を禁止したので、事実上禁止されているとも解釈される。しかし前述したように、ヒトでの生殖細胞系ゲノム編集の報告事例の一つは、アメリカの研究者らによるものである。彼らは連邦予算を使っておらず、FDAに認可を求めてもいない。つまり禁止といっても、抜け穴が存在する。

日本では、遺伝子治療の臨床研究の指針が「生殖細胞等の遺伝子改変」を禁止しており、生殖細胞系ゲノム編集はこれに該当すると解釈することができる。しかし、この指針で禁止されているのはウイルスベクターなどによる遺伝子組み換えであって、ゲノム編集はこれに該当しない、という解釈もあり、現在、厚生労働省の専門委員会で再検討がなされている。またこの指針で禁止されているのは、子宮への移植を伴う「臨床」の研究であって、子宮への移植を伴わない「基礎研究」については規定がない。また、医師が自分たちの行為を「臨床研究」ではなく、「治療」だと主張した場合、この指針を根拠にして彼らに中止を求めることは難しいだろう。いずれにせよ法律ではなく指針であるため、その強制力には限界がある。

二〇一五年四月には、日本の生命倫理政策の方向性を決める役割を担う内閣府の生命倫理専門調査会が、人間の生殖細胞系にゲノム編集を行う基礎研究は「容認される場合」があるとする「中間まとめ」[27]を公表した。一方、ゲノム編集された胚を子宮に移植することを含む臨床応用は、安全性や倫理面での問題があることを理由に認めなかった。

ヒトの生殖細胞系での遺伝子改変に対してたいへん厳しい姿勢を持っていることで知られるのはドイツである。同国では、胚保護法という法律でそれを明確に禁止している。

石井哲也が三九カ国の法律やガイドラインを調べたところ、二四カ国は生殖細胞系の遺伝子改変を法律で禁止していることがわかった。[28] イギリスは法的に禁止しているものの、前述のように一部を解禁し始めている。アメリカは法律では禁止していないが、前述のようなかたちでの制限を行っている。日本や中国、インド、アイルランドでは、強制力の弱い指針で禁止している。ロシアなど九カ国での規制状況は曖昧であるという。

石井は驚くべきことに、日本のような体外受精が盛んに行われている国々[29]で最初に臨床応用が試みられるだろう、と『ネイチャー・ニュース』の記事中で予想している。「日本には、世界で最も多くの不妊治療クリニックがあり、生殖細胞系の改変に関する強制的なルールはない、と彼は言う。インドについても同様である」[30]。

仮に、日本やアメリカ、ヨーロッパ各国などいわゆる先進国で理想的な規制体制を構築することができたとしても、患者たちが国境を越えて規制の緩い国に向かうこと――メディカルツーリズム――を止めることはできないだろう。

次節では、これまでさまざまな先端医療技術がメディカルツーリズムに組み入れられ、問題がより複雑化してきたことを紹介する。

メディカルツーリズム化した先端医療技術の先行例

メディカルツーリズムとは、ごく簡単に定義すれば、患者が特定の医療を求めて他国に渡航すること、である。真野俊樹によれば、メディカルツーリズムに参加する患者たちが自国以外の国に求めているのは、コストが低く、アクセスがよく、品質が高い医療である[31]。ただし本章では、こうしたメディカルツーリズム一般ではなく、自分の国では規制が厳しくて受けることができない医療処置を、しばしば有効性や安全性も確認されていないうえ、生命倫理上の問題まであるにもかかわらず、受けることを求めて患者が他国に向かう、という類いのものを取り上げる。こうしたメディカルツーリズムは「規制回避ツーリズム（circumvention tourism）」と呼ばれることもある[32]。

規制回避ツーリズムについては、最もわかりやすく、しかも医療技術の種類を問わず普遍的な問題として、患者や子どもの帰国後には治療や施術に責任を持たない医師がその後のケアやモニタリングを行わなくてはならなくなる、ということを指摘できる。

規制回避ツーリズムの対象となる医療技術にもさまざまなものがあるが、ここでは生殖細胞系ゲノム編集と関係が深いものとして、生殖補助医療技術、幹細胞治療、遺伝子治療、ミトコンドリア置換、性別選択について簡単に説明する。

①生殖補助医療技術

生殖補助医療技術とは、いわゆる不妊治療の一環として、文字通り、生殖（子どもをもうけること）を補助するために行われる医療技術のことである。具体的には、人工授精、体外受精、それらを応用した代理出産などがある。

自国では高いか、規制が厳しいため受けることができない生殖補助医療技術で子どもをもうけるために、不妊のカップルが、人件費が安くて規制の緩い国に渡航することを「生殖ツーリズム」という[33]。生殖補助医療技術のなかでも、メディカルツーリズム――正確には規制回避ツーリズム――でしばしば問題になるのは商業的代理出産である。インドやタイが商業的代理出産に基づく生殖ツーリズムの渡航先としてしばしば取り上げられる[34]。

生殖ツーリズムについては、依頼人の国と実施する国との法律の違いなどによってトラブルが生じることがしばしば報告されている。たとえば「マンジ事件」として知られる有名な事例がある。二〇〇八年、日本人カップルがインドのクリニックに代理出産を依頼し、インド人女性が提供した卵子とインド人代理出産者の力を借りて女の子をもうけた。しかしそのカップルが離婚したことによって、日本の法律でもインドの法律でも国籍を得られなくなり、その女の子が何カ月もインドから出国できなくなった、と伝えられた[35]。

②幹細胞治療

幹細胞とは、さまざまな細胞のもとになる細胞のことであり、それらを移植することで、細胞が機能を喪失することで生じる疾患を治療することを幹細胞治療という。ヒトのＥＳ細胞やｉＰＳ細胞が作製されたことにより、専門家だけなく、一般社会にも広く知られるようになったが、その多くはいまなお研究段階のものである。

自国で治療法が見つけることができない患者たちが、幹細胞を移植することであらゆる疾患を治療できると宣伝するインターネット広告などに基づいて、その治療を提供するクリニックが存在する外国に渡航することを「幹細胞ツーリズム」という。

こうしたクリニックが提供する幹細胞治療（または自称幹細胞治療）の多くは、有効性も安全性も確かめられておらず、先進国の多くでは認可されていない。そのため多くのトラブルが起きている。たとえば最近、脳卒中に苦しむアメリカ人男性が、メキシコ、中国、アルゼンチンで、間葉系幹細胞、ＥＳ細胞（胚性幹細胞）、中絶胎児由来の神経幹細胞の移植を受けたが、回復できなかっただけではなく、体調が悪化し、移植された幹細胞が腫瘍化してしまったため、最終的にはアメリカで放射線療法を受けることになった、という事例が報告された[36]。

③遺伝子治療

遺伝子治療とは、細胞に遺伝子を「ウイルスベクター（ウイルスの感染力を応用した遺伝子の運び屋）」などで導入すること——従来の遺伝子組み換え技術——によって疾患を治療する方法である。遺伝性疾患やがんなどさまざまな疾患を対象に研究が進められているが、製品化されたものもある。ただしいずれもきわめて高額で、インフラとして普及させることは、少なくともしばらくは困難と思われる。

現在、中国で開発された遺伝子治療が同国の病院で提供されており、外国からの患者が治療のために訪れているという。いまのところ健康被害などが報じられたことはないようだが、その有効性や安全性は国際的な水準で認められたものではないという(37)。

散発的な事例ではあるが、本章の文脈で興味深いことが報道されたことがある。二〇一五年一〇月、アメリカのバイオベンチャー企業のCEOを名乗る四〇代の女性が南米のコロンビアで、〝老化を止める〟遺伝子治療二種類を受けたと主張したことが一部で話題になった。関係者たちは、彼女が遺伝子治療らしきものを受けたとメディアで証言しているが、その効果やその後の健康状態についての情報はほとんどない(38)。

遺伝子治療には、すでにゲノム編集が取り入れられ、「ゲノム編集治療」と呼ばれることもある。また、このコロンビアの事例はメディアで伝えられていることがどこまで事実か不明であるものの、試みられたといわれていることが、より正確にいえば、遺伝子「治療」というよりも、遺伝子「エンハンスメント」であることが興味深い。

④ミトコンドリア置換

ミトコンドリア置換とは、先天的な病気が遺伝することの回避や不妊治療を目的として、第三者の女性に由来する卵子を利用して妊娠・出産を行う医療技術のことである。生まれる子どもの核DNAは両親に由来する一方で、ミトコンドリアDNAは提供者に由来することから「三人親体外受精」などと呼ばれることも多い。

二〇一六年九月、アメリカ人の医師がメキシコで、ヨルダン人カップルからの依頼に応じて、ミトコンドリア病と呼ばれる遺伝性疾患が子どもに遺伝するのを避けるために、第三者に由来する卵子を使って子どもを誕生させたことが広く報道された。これは単発的な事例ではあるものの、メディカルツーリズム、より正確には規制回避ツーリズムと呼んでいいだろう。また同年一〇月には、ウクライナで、不妊治療を目的としてよく似た技術が実施され、二人の子どもが生まれることになっている、と報じられた。

どちらの目的においても、有効性も安全性も定かではない。多くの国では、臨床研究が検討されている段階である。たとえばイギリスでは二〇一七年二月、規制当局であるHFEAが、ニューカッスル大学の研究グループによる臨床研究の申請を認可したと広く報じられた。

この医療技術は事実上、次世代に伝わる遺伝子改変であること、その目的が遺伝性疾患の回避から不妊治療へと広がっていることなどが示唆的である。[39] ミトコンドリア置換については次章でより深く考察する。

⑤性別選択

性別選択とは、生まれてくる子どもの性別を、親が望むほうにコントロールすることである。「男女産み分け」と呼ばれることもある。性別選択にはいくつかの方法があるが、近年よく報告されるのは、遺伝性疾患の遺伝を回避するために開発された受精卵診断（着床前診断、ＰＧＤ）を応用する方法である。カップルに依頼された医師は、夫の精子と妻の卵子で体外受精を行い、そうしてできた胚が四細胞ないし八細胞になったとき、細胞の一つを取り出して、その性染色体を検査する。カップルが希望する性別の染色体を確認できた胚のみを妻の子宮に移植する。現在、規制の緩い国の一部の不妊クリニックが、性別選択を望むカップルに対するサービスとしてこれらを提供している。

この技術の普及は、男児の優遇などすでに存在する性差別を強化すること、人口の男女比に悪影響することなどが問題点として指摘されている。[40]

こうした性別選択を法律や指針で禁止している国も少なくない。たとえば日本では日本産科婦人科学会が会員に対して実施を禁じている。一方、アメリカではとくに規制がないため、性別選択を望むカップルが国内からだけでなく、外国からもやってくることが知られている。[41] そのほかの国についても事例は多いが、たとえばタイには、性別選択を望む中国や香港のカップルが数多く訪れ、そのためのパックツアーまであることが伝えられている(42)。

もともと遺伝性疾患の回避という医療的な目的のために開発された受精卵診断という技術が、性別選択という非医療的な目的のために使われるようになったという歴史的経緯が、生殖細胞系ゲノム編集を考えるうえでは重要である。

ゲノム編集は従来の遺伝子組み換え技術よりも簡単だという。生殖補助医療技術や受精卵診断などで、精子や卵子、受精卵、胚を扱い慣れているクリニックは少なくない。自国では受けることのできない医療技術を、それらの有効性や安全性は認められていないうえ、生命倫理的な問題まであるにもかかわらず、外国に出かけてまで受けることを望む者たちは世界中にいる。つまりマーケットが存在する。すでに行われている行為のなかには、「治療」ではない、非医療的な目的のものもある。そして規制の足並みは各国で揃っていない。どんなに精密な法規制も、それが有効なのは国境までである。

幹細胞治療や遺伝子治療をメディカルツーリズムとして提供するクリニックが、体細胞ゲノム編集を提供し始めること、そして生殖補助医療技術や性別選択を提供するクリニックが生殖細胞系ゲノム編集を提供し始めることは、時間の問題のように思える。後者が生殖細胞系ゲノム編集を非医療的な目的で、ゲノム・デザインとして提供することも同様であろう。このような目的でのメディカルツーリズムを、「デザイナー・ベビー・ツーリズム」と呼んでもいい。

生殖細胞系ゲノム編集には、上で述べたような数多くの問題がある。たとえば、前述したようにゲノム編集がうまく機能せず、生まれた子どもが先天障害など健康問題などを持っていた場合などには大きな問題になるだろう。仮に訴訟などを起こして補償などを得られたとしても、それを〝解決〟とみなすことは難しいかもしれないうえ、相手が他国のクリニックである場合などには、そもそも困難であろう。しかも前述したように、帰国後には治療や施術に責任を持たない医師がその後のケアやモニタリングを行わなくてはならず、情報の共有などにおいていっそうの困難さが生じるはずである。アメリカ人患者が外国で幹細胞治療を受けたところ健康障害が生じ、アメリカで治療されることになったという事例を前述したが、生殖細胞系ゲノム編集で同様の問題が生じた場合、問題がより複雑かつ解決困難になるうえ、意思決定を下したわけでもない子どもがそれによる苦しみを背負うことになる。

規制体制と情報環境

ゲノム編集も、そのほかの先端医療技術も、規制の厳しい国で行われる限りでは、安全上、倫理上の問題は各国の制度である程度まで制御できるかもしれない。しかしながら、ローザ・キャストロがミトコンドリア置換を事例として述べているように「患者たちが倫理的に疑わしい、もしくはリスクの高い治療法を〝ヘイヴン（回避地）〟で探し求め続ける限り、こうした問題は残り続ける」[43]ことも事実であろう。キャストロは、各国政府の選択が「どのようにメディカルツーリズムを推し進めるのかということについても検討を開始する必要がある」と主張する。つまり〝生命倫理先進国〟での厳しい規制は、規制回避ツーリズムとしてのメディカルツーリズムを後押ししかねない。生殖細胞系ゲノム編集の積極的な推進者として知られるジョージ・チャーチも同様の見解を述べている。[44]一国内にとどまらない国際的な規制体制の構築が必要であろう。

ゲノム編集がメディカルツーリズムに組み入れられることを予想する者は、筆者以外にいないこともない。法学者のアルタ・チャロは医学誌に寄せた論考で、これまでの動物実験などで達成されてきた「ブレークスルー」を考慮すれば、「遺伝子編集はメディカルツーリズムの新たな波を引き起こす可能性がある」と述べている。[45]チャロが注目すべき前例として挙げているのは、本章でも取り上げた幹細胞治療である。

チャロは、安全性も有効性も明らかではない幹細胞治療を提供する外国のクリニックが多くの患者を惹きつけてきたことについて、その「需要は、幹細胞研究に関する圧倒的なメディア報道によっても駆り立てられてきた」と指摘する。その懸念はゲノム編集に向かう。たとえば、デュシェンヌ型筋ジストロフィーをゲノム編集で治療することにつながる「マウスでの実験」を、有力紙が「遺伝子編集がデュシェンヌ型筋ジストロフィー治療に希望をもたらす」という見出しで報道したことがある。その見出しが「治療が確実に先に進んでいると患者たちに信じさせるかもしれない」とチャロは警告する。

確かに報道機関が実験結果を必要以上に誇張して報道し、それらによって患者が大きな誤解をすることはあるかもしれない。しかしながら、プレスリリースと論文、記事を定量的に分析した実証的研究では、研究結果の「誇張」は「研究者や彼らが所属する研究機関が作成したプレスリリースの文章にすでに存在していた」ことがわかっている。(46) 責任を報道機関にのみ求めるのは間違っているだろう。

責任がどこにあるにせよ、「誇大広告（hype）」が患者たちを規制回避ツーリズムとしてのメディカルツーリズムに駆り立てる可能性は十分にあるので、チャロが「研究者、ジャーナル（学術雑誌）編集者、企業、投資家、メディア」が情報発信について協力することを主張するのはもっともである。国際的な規制体制の構築と並んで、情報環境の整備が急務であろう。

おわりに

国際的な規制体制を構築するためには、社会的、国際的なコンセンサスが形成される必要がある。

生殖細胞系ゲノム編集は本章で触れたようなさまざまな先端医療技術と深く関わるので、おそらくは生殖細胞系ゲノム編集だけを規制することは、不可能ないし不十分であろう。そのため生殖補助医療技術やクローン技術など、生殖に関連する技術を包括的に規制する必要が生じる。フランスや韓国の生命倫理法、イギリスのヒト受精・胚研究法、ドイツの胚保護法などが参考になると思われる。しかし現状では、一般的な生殖補助医療技術を法律で規制することさえできていない日本では、困難かもしれない。

そのレベルの規制を国際的に実施することは、さらに困難であろう。

こうした先端医療技術を国際的に規制しようとした事例として、国連が二〇〇五年に採択した「人間クローン禁止宣言」[47]がある。これはクローン人間の産生だけでなく、クローン胚の作製も禁止したもので、医療を目的とするクローン胚研究の価値を認める日本やアメリカは賛成していない。また法的な拘束力はない。

「クローン人間の産生」と「クローン胚の作製」との関係は、「生殖細胞系ゲノム編集の臨床応用」と「生殖細胞系ゲノム編集の基礎研究」との関係に似ている。どちらでも、前者では、実際に子どもを産生するが、後者では、産生させない。生殖細胞系ゲノム編集の場合、前者は、現時点では禁止というコンセンサスが得られるかもしれない（前述したアメリカ科学アカデミーの報告書は、前者も認めているのだが、その条件はあまりに高く、事実上の禁止だと解釈することもできる）。後者は、意見が分かれるだろう。また本章で見てきた通り、規制の厳しくない国で、前者、つまり生殖細胞系ゲノム編集の臨床応用が行われる可能性は低くない。したがって緊急的な対応として、とりあえず前者のみを厳しく規制（禁止）するという方針はありうる。

生殖細胞系ゲノム編集の臨床応用は、おそらくクローン人間の産生よりは大きな需要があり、より精緻な規制が必要になると思われる。また実効性が大きな課題になるだろう。

そのためには、科学コミュニティからメディアまですべてのセクターが、情報発信などについて、これまで以上の努力を継続する必要がある。また未承認の方法による健康被害などを防ぐためにも、情報環境の整備が重要なのはいうまでもない。

生殖細胞系ゲノム編集についてある程度の国際的、社会的コンセンサスが得られたうえで、それに応じた国際的な規制体制が構築され、それらを取り巻く情報環境が整備されるべきである。それらが達成されれば、健康被害や訴訟などはもちろん、社会的コンセンサスからの逸脱もなく、生殖細胞系ゲノム編集の研究開発や臨床応用が適切に推進される――もしくは抑制される――可能性はある。

第6章　国境を越える〈リスクの外注〉
――ミトコンドリア置換を一例として

はじめに

二〇一六年九月末、「三人の親を持つ赤ちゃん」が生まれた、と広く報じられた。(1)

より正確には、アメリカの医師がメキシコで、ヨルダン人カップルからの依頼に応じて、ミトコンドリア病と呼ばれる疾患が子どもに遺伝するのを避けるために、第三者に由来する卵子を使って、子どもを誕生させた、ということである。この方法は「ミトコンドリア置換」と呼ばれる。先天的な病気の回避や不妊治療を目的として、第三者の女性に由来する卵子を利用して妊娠・出産させるというものだ。

これを実施したのは、ニューヨークにあるニューホープ不妊センターのジョン・チャン医師らのグループである。チャン[2]は中国系で、中国で研究を行ったこともある。依頼したのはヨルダン人カップルで、名前は公表されていない。施術が行われた場所はメキシコの「グアダラハラ・クリニック」だと伝えられている。テクノロジーに国境はないようだ。

同年一〇月には、ウクライナでよく似た方法を通じて二人の赤ちゃんが生まれることになっていることが伝えられた。

本章では、主にこの「ミトコンドリア置換」というあまり聞き慣れない先端医療技術を事例として振り返ることによって、医療までもがグローバル化した時代における規制や生命倫理の困難さを検討する。前章と重複が多いことをご了承いただきたい。

キーワードの一つは、前章でも言及した「メディカルツーリズム」である。

ミトコンドリア置換とは?

まずはこの最初のケースを振り返ってみよう。

このカップルは流産を四回繰り返していた[3]。その後、二人の子どもが生まれたが、そのうち一人は六歳で、もう一人は八カ月で亡くなった。この二人は「リー症候群」という遺伝性疾患を患っていた。リー症候群は、日本語では「リー脳症」と呼ばれることもある神経の病気で、主な症状としては、発育の停止や筋力の低下などが挙げられる。この症例では、原因は母親のミトコンドリアにあるDNAの変異だった。

ミトコンドリアとは、細胞の核の外側（細胞質）にある小さな器官のことで、エネルギーを生産する機能などがある。ミトコンドリアを構成するDNAにも少数ながら遺伝子がある。これらに変異があると、ミトコンドリア病と呼ばれる一連の病気の原因になりうる。リー症候群はそのうちの一つである。ミトコンドリアDNAは卵子を通じて母親から子どもに遺伝する。父親のミトコンドリアDNAが子どもに遺伝することはない。

母親となる女性のミトコンドリア病が子どもに遺伝するのを避けるために、第三者の女性（提供者）から卵子を提供してもらい、そのミトコンドリアを母親となる女性のミトコンドリアと置き換えるというアイディアが提案されてきた。

このヨルダン人カップルはチャンに助けてくれるよう依頼した。チャンらはそれに応じてこの方法を実施した。前述のようにアメリカではなく、メキシコで。

この方法はさまざまな名称で呼ばれている。二〇一五年二月にイギリス議会がこの方法を認める法律改定を可決したときには、「ミトコンドリア提供」と名づけられた。「ミトコンドリア移植」、「三人親体外受精」などと呼ばれることもあるが、本章では、日本語メディアで比較的よく使われている「ミトコンドリア置換」を暫定的に使うことにする。

ミトコンドリア置換は、二種類の方法が提案されている（**図4**参照）。

第一の方法は、夫（父親となる男性）の精子を、妻（母親となる女性）の卵子と提供者の卵子の両方に受精させ、その結果できた二つの受精卵それぞれから核を取り除き、提供者側の核のない受精卵に、妻側の受精卵から抜き取った核を移植する、という方法である。この方法を「前核置換」という。

第二の方法は、妻の卵子と提供者の卵子の両方から核を取り除き、妻の卵子の核を、核のない提供者の卵子に移植し、その結果できた卵子に夫の精子を受精させる、という方法である。この方法は「紡錘体置換」と呼ばれる。

どちらの方法でも結果として形成された受精卵には、妻と夫に由来する核DNAと、提供者に由来するミトコンドリアDNAが含まれる。メディアがこの方法を紹介するとき、しばしば「三人の親」、「三人のDNA」、「三人の遺伝子」を強調するのはこの特徴のためである。

イギリスでは前核置換が認可されたのだが、この方法では受精卵を破壊することを余儀なくされる。このヨルダン人カップルはイスラム教徒であることを理由にこの方法を好まなかったため、チャンは紡錘体置換を行ったと伝えられている。ただ、受精卵や胚の破壊に否定的というこのカップルの意見がイスラム教徒全般に共通するものなのかどうかは不明である。この類いの懸念は、むしろキリスト教文化圏でよく浮上する。いずれにせよ、チャンらはこのカップルの意思を

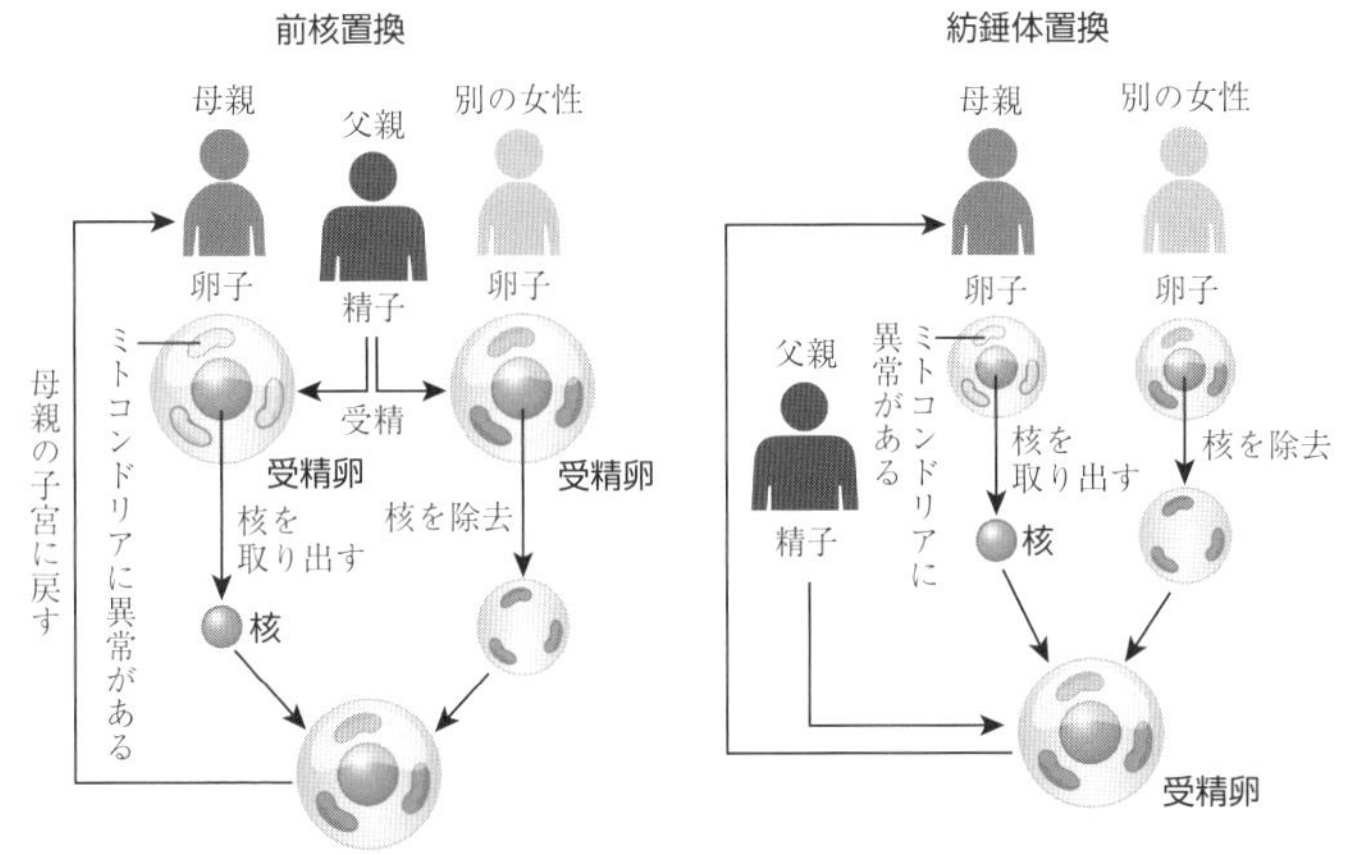

図4　前核置換と紡錘体置換
出典：粥川準二「「3人の親」を持つ子どもをどう考える？」、『WEBRONZA』2016年12月6日を参考に作成。

尊重したようだ。

アメリカでは、ミトコンドリア置換は事実上、禁止されている（後述）。そのためチャンらは、こうした技術に対する規制が存在しないメキシコでこれを実施した[4]。

チャンらは紡錘体置換で、合計五個の受精卵をつくった。そのうち一個だけが正常な胚へと発生し、妻の子宮に移植された。二〇一六年四月六日、男の子が生まれた。

チャンらはこの症例を、同年一〇月にソルトレークシティで開催された米国生殖医学会で報告した。妻の卵子の核が提供者の卵子に移植された後では、疾患の原因となる問題を持つミトコンドリアの比率は、平均して五パーセント程度に減少したという。つまり母親に由来するミトコンドリアは完全になくなったわけではない。

二人に由来するミトコンドリアが同時に存在することが、結果として生まれた子どもの健康にどう影響するかについてはもちろんわかっていない。チャンらは健康診断やミトコンドリアの検査を実施し続けると説明している。同学会のウェブサイトでその概要が公開され、[5]『ネイチャー・ニュース』も報道したが、[6]明らかになった情報量は少ない。

たとえば、誰が卵子を提供したのかということについては、情報が少しもない。血縁関係のある者なのかない者なのか、ヨルダン人なのかアメリカ人なのかメキシコ人なのか、その提供は有償で行われたのか無償で行われたのか、現時点まで伝えられていない。卵子の採取を正当化することは難しいはずである（後述）。

また正常に発生しなかった四個の胚が廃棄されたのか、凍結保存されているのかも不明である。学会報告の要約では、「ＩＲＢ（機関内審査委員会）」の承認を得たと書かれているが、それがどの施設のものかどうかさえわからない。

不妊治療／生殖補助としてのミトコンドリア置換

同年一〇月には、ウクライナの不妊クリニックが、ミトコンドリア置換を、遺伝病の回避ではなく「不妊治療」を目的として使い、二人の女性を妊娠させたことが発覚した。[7]つまり人工授精や体外受精、代理出産といった「生殖補助医療技術」として使ったということである。

ウクライナのキエフにある「生殖医療クリニック」のヴェレリー・ズーキン医師らは、「胚の発生停止」と呼ばれる不妊の原因を回避するために、「前核置換」を使った。つまり夫の精子を、妻の卵子と提供者の卵子それぞれに受精させ、両方の受精卵から核を抜き取り、妻側の受精卵の核を、提供者側の核を抜かれた受精卵に移植した。核の染色体は両親に由来するが、細胞質のミトコンドリアなどは提供者に由来することになる（イギリス議会が認めたものと同じ方法である）。

この方法がもとづく仮説は、胚の発生を促進したり停止したりする因子が細胞質に含まれている、というものである。健康な女性の卵子の細胞質にあるミトコンドリアを、不妊の女性の卵子にあるそれと入れ換えれば、胚の発生停止を克服でき、妊娠・出産が可能になる、という考え方だ。しかしながら英語圏のニュースでコメントしている専門家たちは口を揃えて、この方法の有効性や安全性は確立しているわけではないと強調している。

ズーキンらは、ウクライナ生殖医学会の倫理委員会と審査委員会による認可を得てから、これを実施したと伝えられている。

実は、不妊治療／生殖補助を目的としてミトコンドリア置換が行われたのは初めてではない。前述のチャンらは二〇〇三年、中国で、不妊治療／生殖補助を目的として「紡錘体置換」を行い、その結果を二〇一六年になってから論文として公表した。(8) 彼らは、母親となる女性の卵子の核を、提供者の核のない卵子に移植し、そうしてできた卵子を父親となる男性の精子と受精させることによって胚七個を作成した。そのうち五個を女性の子宮に移植したところ、三個が妊娠に至った。そのうち一胎は、三つ子を妊娠・出産することは難しいと判断されて取り除かれた。残り二胎は妊娠の途中で死んでしまった。にもかかわらずチャンは、胎児の染色体が正常であったことなどから、この方法が胚の発生停止を回避する手段として有効であると主張している。

前核置換も紡錘体置換も、不妊治療として有効性も安全性も確立されていないにもかかわらず、「不妊産業」からはこの方法を認めてもらいたいというプレッシャーがあること、そしてそのマーケット規模はミトコンドリア病の回避よりもずっと大きいことを指摘する研究者もいる。

メキシコの事例とウクライナの事例以外に、中国でミトコンドリア置換を通じて出産にまで至った事例があり、それをまとめた論文が査読中である、という情報もあったが、筆者はその論文を確認できていない。

メディカルツーリズムとは？　「規制回避ツーリズム」とは？

筆者は、このミトコンドリア置換という技術とその実施例は、医療までもがグローバル化した時代における規制と生命倫理を考えるうえで、きわめて示唆的だと考えている。その理由は、この技術の抱える技術的問題や倫理的問題が生殖補助医療技術や受精卵（正確には生殖細胞系）ゲノム編集にも広く通じ、生殖補助医療技術だけでなく幹細胞治療や遺伝子治療といった先端医療技術が「メディカルツーリズム」として問題となってきた歴史的事実を踏まえれば、ミトコンドリア置換やゲノム編集（体細胞ゲノム編集および生殖細胞系ゲノム編集。本章の文脈では主に後者）もまたメディカルツーリズムとしてグローバル化する可能性があり、そしてそれらの問題もまた同時にグローバル化し、解決しにくくなると予想されるからである。

メディカルツーリズムとは、真野俊樹によれば「患者が海外旅行をして滞在先の病院で治療を受けること」と簡単に定義される。[9]「状況によっては観光と医療サービスをセットで販売することもある」。患者がメディカルツーリズムを求める理由としては、「コスト」「アクセス」「質」という三つの医療の指標のうち、自国では得られないものが海外にあるからである、と真野は説明する。つまり患者たちは「低コスト」「好アクセス」「高品質」な医療を求めて海外へと向かう。

本章では、こうしたメディカルツーリズム一般ではなく、自分の国では規制が厳しくて受けることができない医療処置を、しばしば有効性や安全性も確認されていないうえ、生命倫理上の問題まであるにもかかわらず、受けることを求めて患者が海外に向かう、というタイプのものを主に取り上げる。こうしたタイプのメディカルツーリズムは「規制回避ツーリズム」と呼ばれることもある。[10]

前述の真野は、メディカルツーリズムを患者の出身国と渡航先で分類すると、「先進国から先進国」へ、「新興国から先進国」へ、「先進国から新興国」へ、「新興国から新興国」へ、という四パターンが存在すると説明する。[11] しかし次に述べるような規制回避ツーリズムの事例を見る限りでは、「先進国から新興国」へ、というパターンが多い。国際的な経済格差が規制の厳しさの違いをもたらしていることが推測される。

規制回避ツーリズムのなかでも、本章の文脈で重要なものは、「生殖ツーリズム」と「幹細胞ツーリズム」、「遺伝子治療ツーリズム」である。

生殖ツーリズムとは、自国では高いか、規制が厳しいため受けることができない生殖補助医療技術で子どもをもうけるために、不妊のカップルが、人件費が安くて規制の緩い国に渡航することを意味する。「不妊治療ツーリズム」などと呼ばれることもある。生殖補助医療技術のなかでも、メディカルツーリズムでしばしば問題になるのは商業的代理出産で、インドやタイがその〝メッカ〟であるとよく紹介される。依頼人の国と実施国との法律の違いなどによって、トラブルになることもしばしばある。たとえば、日本人カップルがインドのクリニックに代理出産を依頼し、インド人女性が提供した卵子とインド人代理出産者の力を借りて女の子をもうけたが、カップルが離婚したことによって、日本の法律でもインドの法律でもパスポートを発行できなくなり、その女の子が何カ月もインドから出国できなくなったという「マンジ事件」などが有名である。[12] またヨーロッパでは、西ヨーロッパの不妊カップルが、東ヨーロッパで、第三者からの卵子提供を伴う体外受精を受けるという生殖ツーリズムが問題になっている。[13]

幹細胞ツーリズムとは、自国で治療法を見つけることができない患者たちが、「幹細胞」を移植することであらゆる疾患を治療することを謳うインターネット広告などに惹かれて、その治療を提供するクリニックが存在する外国に渡航することである。こうしたクリニックが提供する幹細胞治療（または自称幹細胞治療）には、有効性も安全性も確かめられていないため、先進国では認可されていないものも少なくない。実際、トラブルは多発している。たとえば最近では、脳卒中を患ったアメリカ人の男性が、メキシコと中国、アルゼンチンで、間葉系幹細胞やES細胞（胚性幹細胞）、中絶胎児由来の神経幹細胞の移植を受けたが、治癒しなかっただけではなく、結局のところそれらが腫瘍化してしまったためにアメリカで放射線療法を受けることになった、という事例が医学誌で報告され、新聞で報道された。[14]

また大規模に行われているわけではなさそうだが、先進国では認可されていない遺伝子治療（遺伝子を細胞にウイルスベクターなどで導入することによって疾患を治療する方法）を、規制の緩い国で受けた、という事例もある——ここではそれを暫定的に「遺伝子治療ツーリズム」と呼んでおこう。二〇一五年一〇月、アメリカのバイオベンチャー企業のCEOである四〇代の女性が、コロンビアで、老化を止める遺伝子治療二種類を受けたと主張したことが話題になった。関係者らの証言では、彼女が遺伝子治療らしきものを受けたことは事実らしいが、その効果やその後の健康状態についてのまともな情報はほとんどない[15]。

遺伝子治療には、すでにゲノム編集が取り入れられ、「ゲノム編集治療」と呼ばれることもある。そしてこのケースは報じられていることがどこまで事実かはわからないものの、試みられたと伝えられていることが、厳密にいえば、遺伝子「治療」ではなく、遺伝子「エンハンスメント（能力強化）」であることも示唆的である。

ゲノム編集とは？　生殖細胞系ゲノム編集とは？

先ほどから何度か言及してきたゲノム編集について簡単に説明しよう。

ゲノム編集とは、遺伝情報すべてが暗号化されて書き込まれているDNA、つまりゲノムを、まるで文章をワープロで編集するように切ったり貼ったりする技術である。遺伝子治療で使われるものも含めて、従来の「遺伝子組み換え技術」では、「ベクター（運び屋）」と呼ばれるウイルスなどを使って、組み込みたい遺伝子を細胞に送り込んできた。しかしながら、その遺伝子が細胞側のDNAのどの位置に組み込まれるかをコントロールすることはできなかった。遺伝子を狙った位置に組み込むことができる方法もあるが、対象となる細胞が限定されているうえ、効率がきわめて低いことがネックだった。

ゲノム編集は、DNAを切る「ハサミ」の役割をする酵素と、切りたい位置にそれをガイドする分子がコンビで働くことによって機能する。このコンビが細胞に入ると、ガイド役となる分子が狙った位置を探し出し、ハサミの酵素がDNAを切って遺伝子を機能させなくする。切って機能させなくすること（ノックアウト）だけでなく、ここに新しい遺伝子を組み込むこと（ノックイン）もできる。ゲノム編集は、動物の細胞にも植物の細胞にも微生物の細胞にも行うことができるが、人間の細胞に行うことももちろん可能である。人間でも動物でも、その対象が体細胞であれば、改変された結果が生まれてくる子どもに遺伝することはない。しかし対象が生殖細胞系（精子や卵子、受精卵、胚）であれば、改変の結果は子孫に遺伝する。人間の生殖細胞系ゲノム編集には倫理的な懸念があるとしばしば指摘されるのはこのためである。

さらにゲノム編集は、病気を治したり回避したりする「治療」だけでなく、望み通りの外見や体質、身体能力などを得る「エンハンスメント」に使うことも、少なくとも理論的には可能である。それを体細胞ではなく受精卵など生殖細胞系に行えば、「デザイナー・ベビー」が生まれることになる。[16]

ゲノム編集はウイルスなどによる遺伝子導入よりも簡単であるといわれている。だとするならば、まずは体細胞へのゲノム編集による「ゲノム編集治療」がメディカルツーリズムに取り入れられても不思議ではない。そしてゲノム編集は生殖細胞系にも行うことができる。生殖細胞系を、生殖補助医療技術において扱うことに慣れている医療者は少なくないうえ、生殖補助医療技術はすでにメディカルツーリズムの対象になっている。

生殖補助医療技術、幹細胞治療、遺伝子治療には、それぞれ倫理上、安全上の問題があるが、それらがメディカルツーリズムとして行われる場合には、それらに拍車がかかることが予想される。ミトコンドリア置換やゲノム編集（体細胞および受精卵）でも同様であろう。

たとえば第三者がかかわる生殖補助医療技術（人工授精、体外受精、代理出産）においては、血縁や市民権、ドナー（精子や卵子の提供者、代理出産者）との関係などの問題が起きやすい。

メリンダ・クーパーとキャサリン・ウォルドビーは、卵子提供者や代理出産者、臨床試験における被験者などが労働者のようなかたちで果たしている役割を「臨床労働」と呼び、彼女らのような直接の医療的利益を得ない人に高いリスクを被らせることを「リスクの外注」と呼んだ[17]。卵子提供を伴う体外受精や代理出産がメディカルツーリズムとして行われるならば、そこではリスクの外注が国境を越えて、先進国のカップルから新興国の女性に対して行われていることになる。また患者や子どもの帰国後には、治療や施術に責任を持たない医師がその後のケアやモニタリングを行わなくてはならなくなるということも、メディカルツーリズム、とくに規制回避ツーリズムに共通する問題である。

技術的問題点と倫理的問題点

ミトコンドリア置換に戻ろう。この方法にもさまざまな問題があることが指摘されている。自戒を込めていえば、メディアはしばしば「三人親」を強調するが、それはあまり問題ではない。ミトコンドリアのDNAには確かに遺伝子が存在するが、確認されているのは三七個にすぎない。細胞全体に存在するとされる約二万個に比べれば、ごく少数である。これは「三人親」ではなく、「二・〇〇一人親」だと述べる専門家もいる。

フランソワ・ベイリスは、この技術が「非治療的な目的」として使われうる事例として、レズビアンのカップルが片方ではなく両方との遺伝学的つながり（いわゆる血縁）を持つ子どもをもうけることを望むようなケースを想像せよ、と読者に促している。(18) 確かに男性から精子を提供してもらえば、そのようなことも技術的には可能であろう。もっといえば、たとえば女性二人と男性一人のような「複数愛《ポリアモリー》トリオ」が、三人すべてとの遺伝学的つながりを持つ子どもをもうけたいという場合も想定できなくもない。しかしそのような目的での利用が仮に行われたとしても、ミトコンドリアの遺伝子はきわめて少ないため、受け継がれる遺伝学的特徴には大きな偏りがあり、彼らの要望はほとんど叶えられないだろう。

問題は別のところにある。

まず技術的な問題がある。ミトコンドリア置換で母親のミトコンドリアを除去することができたとしても、母親の核といっしょに、変異のあるミトコンドリアがほんの少し持ち込まれてしまい、それらが増殖する可能性がある。二〇一六年六月には、それを示唆する実験結果が報告された。[19] つまりミトコンドリア置換の有効性は、ミトコンドリア病の回避だけを見ても、未知だということだ。メキシコのケースでは、前述の通り、誕生した男の子の細胞にあるミトコンドリアのうち五パーセント程度が、母親に由来する変異のあるものであったとされる。

そして倫理的問題がある。前核置換の場合、一人の人間になりうる卵(前核置換卵?)を壊す必要があるため、ES細胞(胚性幹細胞)と同じような懸念が生じることになる。紡錘体置換の場合でも、胚が複数つくられた場合には、選択したり廃棄したりする必要が生じる。

そのうえでどちらでも、第三者から卵子を採取することを正当化できるか、できるとしたらどのように正当化するのか、というきわめて大きな問題がある。この問題はすでに、卵子提供を伴う体外受精やヒトクローン胚からのES細胞作製[20]について指摘されていたことである。卵子は原理的に女性しかつくることができず、また、卵子を複数つくって身体の外に出すためには、排卵誘発剤の投与など身体的・精神的に負担のある方法を使う必要がある。排卵誘発剤の副作用としては、短期的には腹痛や嘔吐、下腹部が激しく膨れ上がる「卵巣過剰刺激症候群」などが知られ、長期的には不妊やがんなどとの関連が疑われている。[21] 女性自身が子どもをつくることができるという直接的なメリットがない限り、そうした負担を正当化するのは難しいはずだ。前述のクーパーらのいう「リスクの外注」はミトコンドリア置換でも生じるのである。しかも、報告されている事例から推察する限りでは、そうしたリスクの外注は国境を越えて行われる場合もありうる。

前述のベイリスは、第三者からの卵子提供を伴う体外受精やミトコンドリア置換においては、卵子採取がもたらす利益と害悪が異なる女性に割り振られることを指摘する。「彼女（卵子提供者）が得る可能性があるわずかな利益は、感情的なもの（利他主義的行為による良い気分）と、おそらく金銭的なものである（支払いがある場合）。これら利益の可能性が害悪の可能性を補うかどうかが争点となる」[22]。ニクラス・ルーマンは「害悪の可能性」を、当事者の意思決定に基づく「リスク」と、それに基づかない「危険」とに区別したが[23]、この場合の害悪の可能性は意思決定に基づいているものの、利益の可能性には見合わないように見え、さらにはリスクというよりも危険に見える。

また、ミトコンドリア置換は、生まれてくる子どもが女児である場合には、次世代に伝わる遺伝子改変となる。つまり生殖細胞系ゲノム編集と同じ問題をはらむことになる。そのことからアメリカの国立科学アカデミーは、二〇一六年二月にまとめた報告書で、この技術で誕生させる子どもを男児のみに限定することを勧告した[24]。

なおゲノム編集を使って異常のあるミトコンドリアだけを選択して消滅させ、ミトコンドリア病の遺伝を回避するという方法も提案されており、その基礎研究の結果が二〇一五年四月に報告された。[25]この方法なら「三人親」にはならないが、次世代に伝わる遺伝子改変であることは同じである。

メキシコのケースでは、生まれたのは男児だが、一個だけ正常に発生した胚が女児になるものだった場合、チャンや両親がどのようにするつもりだったかは明らかにされていない。ウクライナのケースでは、生まれるとされた子ども二人のうち一人は女の子だと伝えられた。

規制がメディカルツーリズムを促進？

イギリスは、ミトコンドリア置換——同国政府は「ミトコンドリア提供」と呼ぶ——を法律で認めている唯一の国である。二〇一六年一二月には、ニューカッスル大学のグループによる申請を、規制当局であるＨＦＥＡ（ヒト受精・胚研究認可局）が認可したと広く報じられた。

アメリカでは、ＦＤＡ（食品医薬品局）が同局による審査と認可を条件として、ミトコンドリア置換を認めているが、同国議会は二〇一六年の議会歳出法の追加条項によって、ヒト胚の遺伝子を操作することになる研究申請を審査することにＦＤＡが予算を使うことを禁止した。つまり事実上、この技術の実施は禁止されている。

ミトコンドリア置換がアメリカで禁止され、イギリスで容認されたことから、アメリカの患者がミトコンドリア置換を求めてイギリスへ渡航するメディカルツーリズム――「先進国から先進国」への規制回避ツーリズム――の需要が高まるだろう、という見方もある。[26]

日本では、遺伝子治療の臨床研究の指針が「生殖細胞等の遺伝子改変」を禁止しており、ミトコンドリア置換はこれに該当すると解釈することができる。しかし、この指針で禁止されているのは「遺伝子改変」であって、ミトコンドリア置換ではない、という解釈もありうる。また、法律ではなく指針であるため、その強制力には限界がある。たとえば医師が自分たちの行為を「臨床研究」ではなく、「治療」だと主張した場合、この指針を根拠に彼らを取り締まることは難しいだろう。厚生労働省の委員会が二〇〇三年にまとめた報告書でも、「当分の間、生殖補助医療に用いることは認めない」[27]とされているが、やはり強制力には限界があるに違いない。

また、ミトコンドリア置換はいわゆるクローン技術（核移植）と似ているが、「前核置換」によってできる胚は、クローン人間を誕生させることを禁止した法律「クローン法」[28]の「ヒト胚核移植胚」に該当するとも解釈できる。同法に付随する指針（特定胚指針）はそれを子宮に移植することだけでなく、作製することも認めていない。一方、「紡錘体置換」によってできる卵子やそれを受精させてできる胚は、クローン法にも指針にも該当するものがない。

仮に日本や米国、英国などいわゆる先進国で理想的な規制体制を構築することができたとしても、患者たちが国境を越えて規制の緩い国に向かうのを止めることはできないだろう。実際のところ、チャンは米国では禁止されていることを、規制の甘い中国やメキシコで行ってきたのだ。これは単発的な事例ではあるものの、まさにメディカルツーリズム、より正確には「規制回避ツーリズム」である。

繰り返すが、ミトコンドリア置換はまぎれもなく、次世代に遺伝する遺伝子改変である。ミトコンドリア置換がメディカルツーリズムとして行われるのだとしたら、同じ次世代に遺伝する遺伝子改変である「生殖細胞系ゲノム編集」がそうならない理由はない。

ミトコンドリア置換も生殖細胞系ゲノム編集も、いわゆる先進国内で行われる限りは、安全上、倫理上の問題は各国の規制である程度コントロールできるかもしれない。しかしながら、ローザ・キャストロが述べているように「患者たちが倫理的に疑わしい、もしくはリスクの高い治療法を〝ヘイヴン（回避地）〟で探し求め続ける限り、こうした問題は残り続ける」[29]ということも事実であろう。キャストロは、各国政府の選択が「どのようにメディカルツーリズムを推し進めるのかということについても検討を開始する必要がある」と主張する。つまり先進国での厳しい規制は、規制回避ツーリズムとしてのメディカルツーリズムを促進しかねない。

可能な限り早く、国際的なコンセンサスを形成して、それにもとづく規制を実施できる体制をつくるべきである。そのさいには、たとえば生殖細胞系ゲノム編集を熱心に推進する研究者による「人間の生殖細胞系列の編集を禁止することは、最良の医学研究に水を差す一方で、この行為をブラックマーケットや規制されていないメディカルツーリズムに追い込む可能性がある」[30]という指摘にも耳を傾けたほうがよいかもしれない。

註

序　章　細胞政治の誕生――ＨｅＬａ細胞とヘンリエッタ・ラックス

（1）粥川準二『資源化する人体』、現代書館、二〇〇二年、など。

（2）Landecker, H., "Immortality, in vitro: A history of the HeLa cell line", in Brodwin, P. (eds.), *Biotechnology and Culture: Bodies, Anxieties, Ethics*, Indiana University Press, pp53-72, 2000. Landecker, H., *Culturing Life: How cells became technologies*, Harvard University Press, 2007.

（3）*Ibid*. p57.

（4）*Ibid*.

（5）*Ibid*. p59から再引用。

（6）*Ibid*.

（7）*Ibid*. p59.

（8）*Ibid*. p61から再引用。

（9）*Ibid*. pp61-62.

（10）*Ibid*.

（11）*Ibid*. p66.

（12）*Ibid*.

（13）水澤博ほか『バイオ研究の舞台裏』、裳華房、二〇〇七年、など。

（14）Skloot, R., "Henrietta's Dance", *Johns Hopkins Magazine*, April 2000. URL: http://www.jhu.edu/jhumag/0400web/01.html スクルートはその後、このテーマを単行本にまとめた。レベッカ・スクルート『不死細胞ヒーラ　ヘンリエッタ・ラックスの永遠なる人生』中里京子訳、講談社、二〇一一年、原著二〇一〇年。

(15) *Ibid.*
(16) *Ibid.*
(17) *Ibid.*
(18) *Op. sit.*, “Immortality, in vitro: A history of the HeLa cell line”, p68.
(19) *Op. sit.*, “Henrietta’s Dance”.
(20) *Ibid.*
(21) Skloot, R., “Cells that save lives are a mother’s legacy”, *The New York Times*, November 17, 2001. URL: http://www.nytimes.com/2001/11/17/arts/cells-that-save-lives-are-a-mother-s-legacy.html
(22) *Op. sit.*, “Henrietta’s Dance”.
(23) Potier, B., “Filmmaker immortalizes ‘immortal’ cells”, *Harvard Gazette Archives*, July 19, 2001.
(24) *Op. sit.*, “Henrietta’s Dance”.
(25) 粥川準二「人体資源利用のエコノミー」、鷲田清一ほか編『身体をめぐるレッスン2　資源としての身体』、岩波書店、二〇〇六年、一三三—一五八頁。
(26) 宇都木伸「人由来物質と個人医療情報」、宇都木伸、菅野純夫、米本昌平編『人体の個人情報』、日本評論社、二〇〇四年、二〇八—二三五頁。
(27) 以下の記述は、粥川準二「幹細胞を貫く権力　生‐資本のなかの人間」、明治学院大学大学院社会学研究科二〇〇九年度博士論文、二〇一〇年、未公刊、の一部と重複する。また、小松美彦『生権力の歴史』、青土社、二〇一二年、に大きな影響を受けている。
(28) 後述する『性の歴史I　知への意志』の邦訳では「生‐権力」という表記が使われているが、「生権力」という表記もしばしば使われる。本書では後者を採用する。「解剖‐政治」も「解剖政治」に、「生‐政治」も「生政治」に統一する。引用部分のみ「‐」を残した。
(29) ミシェル・フーコー『性の歴史I　知への意志』渡辺守章訳、新潮社、一九八六年、原著一九七六年、一七五頁。なお「権利」と「権力」は概念的には異なるものであるが、フーコーは後述する講義ではあまり厳密に区別していないようにも見える。本章においても区別は必要ない。より厳密な区別については、後述する市野川容孝「生‐権力再論」を参照のこと。
(30) 同前、一七八頁。
(31) 粥川準二「健康を貫く権力　〈資源としての生〉の系譜学」、明治学院大学大学院社会学研究科二〇〇五年度修士論文、二〇〇六年、未公刊、六—七、一五四—一五五頁。
(32) 加藤秀一「生殖する権力」、『現代思想』第二〇巻一号（一九九二年一月）、七三頁。

(33) 前掲、『性の歴史I　知への意志』、一七五頁。

(34) 市野川容孝「生‐権力再論」、『現代思想』第三五巻一一号（二〇〇七年九月）、七七―九九頁。

(35) 前掲、「生殖する権力」、七五頁。

(36) 同前。

(37) ミシェル・フーコー『社会は防衛しなければならない』石田英敬ほか訳、筑摩書房、二〇〇七年、原著一九九七年、二四一頁。

(38) 前掲、「生‐権力再論」、七九頁。

(39) 前掲、『社会は防衛しなければならない』、二五二―二五三頁。

(40) 同前、二五三頁。

(41) 同前、六三頁。

(42) 同前、六四頁。

(43) なお二〇〇五年、韓国の研究者らがクローン技術を応用してつくったヒトクローン胚からES細胞（クローンES細胞）をつくったと発表したのだが、卵子の入手過程に問題があったうえ、論文に書かれていたことが捏造だったという「ファン・ウソク事件」が発覚した。この研究不正事件においては、男性と女性、上司（教授）と部下（研究員）、裕福な女性と貧しい女性、健康な身内しか持たない女性と障害のある身内を持つ女性との間に「切れ目」が入れられて、それぞれの後者である彼女らは、卵子の採取に必要な排卵誘発剤によって「死に曝」され、卵子が求められた、といえる。この事件については本書第2章および拙著『バイオ化する社会』、青土社、二〇一二年、第三章、などを参照のこと。また「切れ目」が入れられる基準が、人種や性別、特定の遺伝子変異の有無といった「属性」であるのか、仕事や学業の業績といった「能力」であるのかは、その事例によってさまざまであると思われる。しかしながら、社会や人が人を判断する基準が近代化の進展にしたがって属性から能力に変わってきたこと、その一方で、能力で判断した結果が属性で判断した結果としばしば一致してしまうことなど、検討すべき論点は多数ある。筆者は現時点で、「人種主義」の正体は「能力主義」および「能力主義と一致する属性主義」ではないかと考えている。不十分ではあるものの、筆者は『ガタカ』という映画を通じて、ゲノム編集時代の能力と属性との関係についてスケッチしたことがある。粥川準二「ガタカ」、『現代思想』第四六巻四号（二〇一八年三月）、一七六―一七九頁、を参照のこと。

第1章　iPS細胞には倫理的な問題はない……か?

（1）粥川準二「STAP細胞事件が忘却させたこと」、『現代思想』第四二巻一二号（二〇一四年八月）、八四―九九頁（本書第2章）。粥川準二「「10歳」迎えたiPS細胞最前線「倫理」問題はないのか」、『AERA』第二九巻五一号（二〇一六年一一月二八日号）、五四―五六頁。粥川準二「人の臓器を持つ「キメラ動物」は人か動物か?」、『WEBRONZA』二〇一六年八月二九日配信。URL：http://webronza.asahi.com/science/articles/2016081900004.html 粥川準二「不妊治療などのため、皮膚から卵子を作ってよいか」、『WEBRONZA』二〇一七年二月三日配信。URL：http://webronza.asahi.com/science/articles/2017013100001.html 粥川準二「受精卵や胎児は「同意」できない」、『毎日新聞』二〇一六年一一月四日夕刊。粥川準二「人間の未来とバイオテクノロジー」、『atプラス』三二号（二〇一七年五月）。

（2）筆者としては「ELSI（エルシー：倫理・法律・社会的問題）」と呼ぶほうがより適切だと考えるが、本章では「倫理的な問題」で通す。

（3）「核移植ES細胞」、「NTSCES細胞」などと呼ばれることもある。

（4）粥川準二『バイオ化する社会』、青土社、二〇一二年、第三章、など。

（5）ファン・ウソク事件について日本語で読める記録的な文献としては、李成柱『国家を騙した科学者』裵淵弘訳、牧野出版、二〇〇六年、原著二〇〇六年、渕上恭子『バイオ・コリアと女性の身体』、勁草書房、二〇〇九年、がある。筆者も、「韓国ヒトクローン胚スキャンダル」、『BIONICS』第三巻二号（二〇〇六年二月）、一四―一五頁、において簡単に論点を整理した。

（6）「STAP細胞（と呼ばれたもの）」について、筆者は数多くの文章を書いているが、本章と関係深いものとしては、本書第2章を参照のこと。もし小保方らの論文に研究不正がなく、その方法に再現性があったとしたら、STAP細胞は倫理的問題を喚起する多能性幹細胞となったであろう。

（7）Cyranoski, D., "Stem cells: 5 things to know before jumping on the iPS bandwagon", *Nature* 452, pp406–408, March 26, 2008, doi: 10.1038/452406a.

（8）*Ibid.*

（9）科学技術・学術審議会生命倫理・安全部会特定胚及びヒトES細胞等研究専門委員会（第五一回）議事録、二〇〇七年一二月七日。

（10）山中伸弥、緑慎也『山中伸弥先生に、人生とiPS

細胞について聞いてみた』、講談社、二〇一二年、一七五頁。

(11) 同前。

(12) 筆者は最近まで、iPS細胞の倫理的な問題といえば、後述するキメラ動物作製や体外配偶子形成など「使い方」の問題だと考えていたのだが、最近刊行された澤井努『ヒトiPS細胞研究と倫理』、京都大学学術出版会、二〇一七年、によって、見解を改めさせられた。同書ではiPS細胞の「道徳的共犯性」や「道徳的価値」といった、本章も含めて日本語圏ではあまり言及されてこなかった論点が取り扱われている。なお同書は、iPS細胞の倫理的問題を一冊費やして包括的に論じたものとしてはおそらく世界で初めてのもので、間違いなく必読書である。本章は同書から多大な恩恵を受けている。

(13) 特定胚等研究専門委員会動物性集合胚の取扱いに関する作業部会「動物性集合胚の取扱いに係る科学的観点からの調査・検討の結果について」、二〇一四年一月一九日。

(14) Yamaguchi, T. et al., “Interspecies organogenesis generates autologous functional islet”, *Nature* 542, pp191-196, 2017, doi: 10.1038/nature21070.

(15) Masaki, H. et al., “Interspecific in vitro assay for the chimera-forming ability of human pluripotent stem cells”, *Development* 142(18), pp3222-3230, 2015, doi: 10.1242/dev.124016.

(16) 前掲、『ヒトiPS細胞研究と倫理』、第三章。

(17) 「動物のヒト化」という現象は抽象的なレベルで検討しても興味深い。ジョルジョ・アガンベンは、人間を動物化し、人間から非人間的なものを排除しながら人間性を産出するシステムを「人類学機械」と呼んだ（『開かれ』岡田温司、多賀健太郎訳、平凡社、二〇〇四年、原著二〇〇二年、四六、五九頁など）。キメラ胚やキメラ動物の作製においては「動物のヒト化」が起きうるというが、日本語における「ヒト」という表記は生物種としてのホモ・サピエンスのことを意味すると思われる。したがってキメラ胚やキメラ動物の内部に生じた「ヒト」はすでに動物化した元「人間」であり、ここではあたかも人類学機械――いわゆる人間中心主義?――が、人間を動物化すると同時に動物を人間化しているようである。「動物の完全な人間化は、人間の完全な動物化に符号しているのだ」（同前、一一八頁）。

(18) Inoue, Y. et al., “Current Public Support for Human-Animal Chimera Research in Japan Is Limited, Despite High Levels of Scientific Approval”, *Cell Stem Cell* 19(2),

pp152–153, 2016, doi: http://dx.doi.org/10.1016/j.stem.2016.07.011.

(19) Sawai, T. et al., "Public attitudes in Japan towards human-animal chimeric embryo research using human induced pluripotent stem cells", *Regenerative Medicine* 12(3), pp233-248, 2017, doi: 10.2217/rme-2016-0171. Epub 2017 Mar 2.

(20) Hikabe, O. et al., "Reconstitution in vitro of the entire cycle of the mouse female germ line", *Nature* 539, pp299–303, 2016, doi: 10.1038/nature20104.

(21) Sasaki, K. et al., "Robust In Vitro Induction of Human Germ Cell Fate from Pluripotent Stem Cells", *Cell Stem Cell* 17(2), pp178–194, 2015, doi: http://dx.doi.org/10.1016/j.stem.2015.06.014.

(22) Cohen, I.G. et al., "Disruptive reproductive technologies", *Science Translational Medicine* 9(372), 2017. URL : http://stm.sciencemag.org/content/9/372/eaag2959.full

(23) *Ibid.*

(24) Palacios-González, C. et al., "Multiplex parenting: IVG and the generations to come", *Journal of Medical Ethics* 40, pp752–758, 2014, doi: 10.1136/medethics-2014-102521.

(25) （無署名）「ｉＰＳ細胞、生殖医療応用で意識差　研究者と市民・倫理観調査」、『京都新聞』二〇一六年一二月三一日付。

(26) この三つが主に問題になりうることについては、前掲、『ヒト・ｉＰＳ細胞研究と倫理』、第三章、を参照のこと。

(27) 武藤香織「再生医療研究における動物の利用をめぐる市民と研究者の意識調査」、生命倫理専門調査会（第七〇回）資料（パワーポイントファイル）、二〇一二年一二月六日。

(28) （無署名）「患者１人に１億円かかっていた⁉……再生医療のコスト、初の調査」、『読売新聞』二〇一七年二月一〇日付、など。

(29) Ikka, T. et al., "Recent Court Ruling in Japan Exemplifies Another Layer of Regulation for Regenerative Therapy", *Cell Stem Cell* 17(5), pp507–508, 2015, doi: http://dx.doi.org/10.1016/j.stem.2015.10.008.

(30) 非配偶者間人工授精で生まれた人の自助グループ・長沖暁子編著『ＡＩＤで生まれるということ』、萬書房、二〇一五年、など。

（31） ユルゲン・ハーバーマス『人間の将来とバイオエシックス』三島憲一訳、法政大学出版局、二〇〇四年、原著二〇〇一年、一〇四頁。

第2章 STAP細胞事件が忘却させたこと

（1） 主なものはニュースサイト「THE PAGE（ザ・ページ）」に掲載された（URL: http://thepage.jp/）。ここには題名と掲載日時のみリストアップする（必要であれば題名で検索されたい）。⑴「STAP細胞問題　アメリカでの改革に学ぶことはできるか?」（二〇一四年四月一〇日）、⑵「「STAP現象はまだ仮説」と説明　笹井氏会見をどう見るか」（二〇一四年四月一七日）、⑶「〈STAP細胞問題〉日本の若手研究者への影響は?　損なわれた「博士」への信頼性」（二〇一四年五月二一日）、⑷「〈STAP細胞問題〉「CDB解体」提言　iPS細胞研究への影響は?」（二〇一四年六月一三日）、⑸「STAP細胞は「夢の細胞」で終わるのか　若山教授「できる人が再現するしかない」」（二〇一四年六月一七日）。

（2） Thomson, H., "Stem cell power unleashed after 30 minute dip in acid", *New Scientist*, January 29, 2014.

（3） "Stem cell breakthrough could reopen clone wars", *New Scientist*, January 29, 2014.

（4） Obokata, H. et al., "Stimulus-triggered fate conversion of somatic cells into pluripotency", *Nature* 505 (7485), pp641-647, 2014, doi: 10.1038/nature12968 ; Obokata, H. et al., "Bidirectional developmental potential in reprogrammed cells with acquired pluripotency", *Nature* 505(7485), pp676-680, 2014, doi: 10.1038/nature12969.

（5） *Op. sit.*, "Stem cell power unleashed after 30 minute dip in acid".

（6） Alto-Setälä, K. et al., "Obtaining Consent for Future Research with Induced Pluripotent Cells: Opportunities and Challenges", *PLoS Biology* 7(2), e1000042, Feb 2009.

（7） アルト・セタラのほかにも、iPS細胞にも倫理的問題（またはELSI）があると述べる論客は少なくない。たとえば同じ二〇〇九年には、日本人を含む五カ国の科学者や生命倫理学者、法学者など一七人がiPS細胞の研究と臨床応用を行う際にどのような課題が生じるのかを検討し、それをまとめた論文を専門誌『セル』で発表した。彼らは検討すべきこととして、⑴プライバシーの保護、⑵同意および同意の撤回、⑶細胞提供者の権利の及ぶ範囲、⑷知的財産に関する課題、⑸iPS細胞の倫理的使い方、⑹臨床応用に向けた課題、を挙げ、iPS細胞研究を進めていくためにはこれらの検討課題に注意深く取り組むことが欠かせない、と主張した。Zarzeczny, A. et al., “iPS Cells: Mapping the Policy Issues”, *Cell* 136(6), pp1032-1037, 2009.

(8) まったく同じことを、複数の幹細胞研究者が発言したのを筆者は耳にしている。なお、受精胚由来ではなく、クローン胚由来のES細胞（クローンES細胞）の場合には、ここで述べたiPS細胞と同じ問題が浮上することになる。クローンES細胞は、核を取り除いた卵子と体細胞からつくられるためである。なお二〇〇一年に世界で初めてマウスのクローン胚からES細胞を作製することに成功したのは、小保方やヴァカンティの共著者である若山照彦である。Wakayama, T. et al., “Differentiation of embryonic stem cell lines generated from adult somatic cells by nuclear transfer”, *Science* 292(5517), pp740-743, 2001.

(9) *Op. sit.*, “Stem cell power unleashed after 30 minute dip in acid”.

(10) *Ibid.*

(11) *Ibid.*

(12) *Ibid.*

(13) *Ibid.*

(14) *Op. sit.*, “Stem cell breakthrough could reopen clone wars”.

(15) *Ibid.*

(16) この件を掘り下げた拙稿として、粥川準二『バイオ化する社会』、青土社、二〇一二年、がある。第三章で多能性幹細胞を直接論じているが、第一章で生殖補助医療技術を論じるうえで卵子採取のさいに生じるリスクについて述べている。

(17) 筆者は、「生命倫理（bioethics）」と「研究公正（research integrity）」は基本的には別のもの（しかし重複もあるもの?）だと理解しているのだが、この「ファン・ウソク事件」は両方に深くかかわる事件であり、歴史的に特異のものと思われる。それに対して、STAP細胞事件は「研究不正」と呼ばれるように、基本的には研究公正にかかわるもの（をふみにじるもの）だと思われる。生命倫理と研究公正との関係については稿を改めてみたい。

(18) Noggle, S. et al., “Human oocytes reprogram somatic cells to a pluripotent state”, *Nature* 478(7367), pp70-75, 2011, doi: 10.1038/nature10397.

(19) わかりにくいと思われるが、前掲、『バイオ化する社会』、一四四—一四五頁、とくに一四五頁の図を参照のこと。

(20) またほぼ同時に別の雑誌で、幹細胞研究のために無償で卵子を提供してくれる女性をリクルートし続けてみたのだが、結局、その試みが失敗に終わったことも報告された。二つの報告の著者は重複している。Egli, D. et al., “Impracticality of Egg Donor Recruitment in the Absence of Compensation”, *Cell Stem Cell* 9(4), pp293-294, 2011, doi: 10.1016/j.stem.2011.08.002.

(21) Tachibana, M. et al., “Human Embryonic Stem Cells Derived by Somatic Cell Nuclear Transfer”, *Cell* 153(6), pp1228-1238, doi: http://dx.doi.org/10.1016/j.cell.2013.05.006.

(22) Chung, Y. G. et al., “Human Somatic Cell Nuclear Transfer Using Adult Cells”, *Cell Stem Cell* 14(6), pp777-780, doi: http://dx.doi.org/10.1016/j.stem.2014.03.015.

(23) Yamada, M. et al., “Human oocytes reprogram adult somatic nuclei of a type 1 diabetic to diploid pluripotent stem cells”, *Nature* 510(7506), pp533-536, 2014, doi: 10.1038/nature13287.

(24) Hyun, I., “Policy: Regulate embryos made for research”, *Nature* 509(7428), pp27-28, 2014, doi: 10.1038/509027a.

(25) *Ibid.*

(26) わかりにくいと思われるが、これは本書第6章で論じることになる「ミトコンドリア置換」のことである。本書二〇三頁図4を参照のこと。

(27) *Op. sit.*, “Policy : Regulate embryos made for research”.

(28) *Ibid.*

(29) *Ibid.*

(30) 自慢をするつもりはないのだが、筆者はファン・ウソク事件が起きる以前から、この医療モデルは、直接の恩恵を被るわけでもない女性に対する身体的・精神的負担が重すぎること、いい換えれば、リスクの配分バランスがきわめて不平等であることを理由に、臨床応用はもちろん、その研究にも慎重であるべきと主張してきた。現在もその考えに変更はない。粥川準二『クローン人間』、光文社新書、二〇〇三年、および前掲、『バイオ化する社会』を参照のこと。

(31) 幸いなことに例外もある。プロジェクトC3ポストゲノム時代における生物医学とジェンダー『「ファン・ウソク事件と女性の資源化　韓国女性民友会をお招きして」シンポジウム報告集』、お茶の水女子大学21世紀C

OEプログラム「ジェンダー研究のフロンティア」（F-GENS）プロジェクトC3、二〇〇七年、に所収された各報告記録や、渕上恭子『バイオ・コリアと女性の身体』、勁草書房、二〇〇九年、などを参照のこと（前者には筆者も参加している）。

（32） 大久保和郎訳、みすず書房、一九六九年、原著一九六三年、一八〇頁。

第3章　一四日ルール再訪？――ヒト胚研究の倫理的条件をめぐって

（1） ただし、「一四日ルール」という通称が、本章でこれから検討する言説群以前にどれくらい使われていたのかは定かではない。二〇一七年一月の時点で生物医学の文献データベース「Pubmed」を「14-day rule」で検索しても、見つかるのはポピュラーサイエンス雑誌の記事も含めて六本のみである。

（2） 日本の生命倫理行政用語では「余剰胚」というが、「予備胚（spare embryo）」ということもある。

（3） Deglincerti, A. et al., “Self-organization of the in vitro attached human embryo”, *Nature* 533(7602), pp251-254, May 4, 2016, doi: 10.1038/nature17948.

（4） Shahbazi, MN. et al., “Self-organization of the human embryo in the absence of material tissues”, *Nature Cell Biology* 18(6), pp700-708, 2016, doi: 10.1038/ncb3347. Epub 2016 May 4.

（5） Reardon, S., “Human embryos grown in lab for longer than ever before”, *Nature* 533, May 05, pp15-16, 2016, doi: 10.1038/533015a.

（6） *Ibid.*

（7） *Ibid.*

（8） （無署名）「ヒト胚、ほぼ2週間の体外培養に初めて成功」、『AFPBBNEWS』二〇一六年五月六日付。

（9） *Op. sit.*, “Human embryos grown in lab for longer than ever before”.

（10） Rossant, J., “Human embryology: Implantation barrier overcome”, *Nature* 533(7602), pp182-183, May 4, 2016, doi: 10.1038/nature17894.

（11） *Ibid.* p183.

（12） 前掲、「ヒト胚、ほぼ2週間の体外培養に初めて成功」。

（13） Hynn, I. et al., “Embryology policy: Revisit the 14-day rule”, *Nature* 533(7602), pp169-171, May 4, 2016, doi: 10.1038/533169a.

（14） 瀬川茂子「ヒト受精卵を12～13日培養　米英の2グ

ループ」、『朝日新聞』二〇一六年五月五日付。

（15） Warmflash, A., “A method to recapitulate early embryonic spatial patterning in human embryonic stem cells”, *Nature Methods* 11(8), pp847-854, 2014, doi: 10.1038/nmeth.3016. Epub 2014 Jun 29.

（16） Pera, MF., “What if stem cells turn into embryos in a dish?”, *Nature Methods* 12(10), pp917-919, 2015.

（17） *Op. sit.*, “Embryology policy: Revisit the 14-day rule”.

（18） この国際会議についてはその結果を各メディアが報道したが、公式ウェブサイトに声明や動画など資料がアーカイヴされている。URL: http://nationalacademies.org/gene-editing/Gene-Edit-Summit/ 筆者は人間の生殖細胞系ゲノム編集をめぐって起きた、ある論争を分析したことがある。本章はそもそも、その論考の続編として構想されたものだが、下調べの途中で方向転換を余儀なくされた。粥川準二「奇妙なねじれ 〝人間での生殖細胞系ゲノム編集〟をめぐる賛否両論から」、『人間科学研究』第一三号、二〇一六年、一六〇―一三七頁（本書第4章）。

（19） Boodman, E., “New advances in growing human embryos could prompt ethical firestorm”, *STAT*, May 4, 2016. URL: https://www.statnews.com/2016/05/04/embryos-research-ethics/

（20） Greely, H., “In Vitro Human Embryos and the 14 Day Rule”, *Law and Biosciences Blog*, May 4, 2016. URL: https://law.stanford.edu/2016/05/04/in-vitro-human-embryos-and-the-14-day-rule-2/

（21） 以下のＵＲＬで、その後のやりとりを読める。URL: https://twitter.com/bioethicsjosie/status/727953773100974080

（22） Baylis, F., “Pushing the 14-day limit on human embryo research”, *Impact Ethics*, May 5, 2016. URL: https://impactethics.ca/2016/05/05/pushing-the-14-day-limit-on-human-embryo-research/

（23） *Ibid.*

（24） 米本昌平『バイオポリティクス』、中公新書、二〇〇六年、二三六頁。

（25） Harris, J., “It's time to extend the 14-day limit for embryo research”, *The Gurdian*, May 6, 2016. URL: https://www.theguardian.com/commentisfree/2016/may/06/extend-14-day-limit-embryo-research

（26） *Ibid.*

（27） 前掲、「奇妙なねじれ 〝人間での生殖細胞系ゲノム編集〟をめぐる賛否両論から」（本書第4章）。

（28） 坂井律子『いのちを選ぶ社会』、ＮＨＫ出版、二〇一三年、など。

（29） Christian, W., “Down Syndrome heading for extinction in Denmark”, *CPH Post Online*, October 20, 2016 など。

（30） 推測だが、たとえば後述する『ウォーノック・レポート』は「中枢神経系の最初の始まり」が「受精後二二―二三日目」だと推測しているので、その直前に、ということであろう。

（31） Shanks, P., *Human Genetic Engineering: A Guide for Activists, Skeptics, and the Very Perplexed*, Nation Books, 2005.（筆者は未読。）

（32） International Society for Stem Cell Research, *Guidelines for Stem Cell Science and Clinical Translation*, ISSCR, 2016. URL: http://www.isscr.org/professional-resources/policy/2016-guidelines/guidelines-for-stem-cell-research-and-clinical-translation

（33） Kimmelman, J. et al., “Policy: Global standards for stem-cell research”, *Nature* 533(7603), pp311-313, May 12, 2016, doi: 10.1038/533311a.

（34） *Op. sit., Guidelines for Stem Cell Science and Clinical Translation*, p7.

（35） *Ibid.* p31.

（36） なお筆者が最近、別の調査のためにある幹細胞研究者と面談したとき、「一四日ルールを緩和せよという主張があるようだが、どう思うか？」と尋ねてみると、その研究者は「現状ではその科学的必然性はないと思う」と言い、現状維持を支持した。

（37） *Op. sit.*, “Pushing the 14-day limit on human embryo research”, 前掲、『バイオポリティクス』、などによる。

（38） Department of Health & Social Security, *Report of the Committee of Inquiry into Human Fertilisation and Embryology*, July 1984.

（39） 本章の原型となった論文がほとんど完成したころ、オーストラリアの生命倫理学者ゼビエール・サイモンズが、同国の放送局ＡＢＣのウェブサイトに「一四日を超えて　胚の実験のために変更は必要か？」という論考を寄稿しているのを発見したのだが、検討できなかった。グリーリーやベイリスの見解と近いように思われる。Symons, X., “Beyond 14 Days: Should there be Changes to Embryo Experimentation?”, *ABC*, May 16, 2016. URL: http://www.abc.net.au/religion/articles/2016/05/12/4461087.htm

（40）*Op. sit.*, *Report of the Committee of Inquiry into Human Fertilisation and Embryology*, p59.
（41）*Ibid.* p65.
（42）*Ibid.*
（43）*Ibid.* 後述するように二〇〇五年に書かれたあるレビュー論文は、胎児は妊娠末期まで痛みを感じることができないことを示唆している。
（44）*Ibid.*
（45）*Ibid.* p66.
（46）Lee, SJ. et al., "Fetal Pain: A Systematic Multidisciplinary Review of the Evidence", *JAMA* 294(8), pp947-954, 2005.
（47）McCook, A., "JAMA: No plan to retract article on fetal pain, despite outcry from anti-abortion activists", *Retraction Watch*, June 15, 2016. URL: https://retractionwatch.com/2016/06/15/jama-no-plan-to-retract-article-on-fetal-pain-despite-outcry-from-anti-abortion-activists/
（48）読者のなかには、本章で検討した生命倫理学者たちの発言の多くは、一般紙やウェブサイトで発表されたコラムであり、査読を経て学術誌に掲載されたものではないので、そもそも検討に値しないと思う者もいるかもしれない。しかし、生命倫理学者にも社会の一員として、そしてプロフェッショナルとしての義務がある。自らの見解を、閉じられた研究コミュニティだけではなく、広く一般社会にも伝え、人々がそのときに生じている問題を考えるためのヒントを提示することも、プロとしての重要な義務のはずだ。不特定多数に開かれた一般紙やウェブサイトでのコラムが、研究コミュニティに閉じられた学術誌での論文よりも重要性が低いという理由はない（問題があるとすれば、情報の量や引用元の提示法であろう）。今回に限っていえば、彼らはプロとしての義務を果たし切れていない。なお本章の原型となった論文の公表後、林真理が本章の問題意識をさらに深めた考察を発表したので、参照されたい。林真理「14日ルールの再検討　なぜヒト胚は、受精後体外で14日を過ぎて生きていてはいけないのか」、『工学院大学研究論叢』第五五巻二号、二〇一八年、一―一二頁。

第4章　奇妙なねじれ――〝人間での生殖細胞系ゲノム編集〟をめぐる賛否両論から

（1）「噂」とはいっても、後述するようにあるウェブメディアが、匿名の取材相手から得た曖昧な情報を集めて紹介したのが、その発端である。それがソーシャルメディアを通じて拡散した。

(2) Araki, M. et al., "International regulatory landscape and integration of corrective genome editing into in vitro fertilization", *Reproductive Biology and Endocrinology* 12 (108), 2014, doi: 10.1186/1477-7827-12-108. Ishii, T. et al., "Germline genome-editing research and its socioethical implications", *Trends in Molecular Medicine* 21(8), pp473-481, August 2015, doi: https://doi.org/10.1016/j.molmed.2015.05.006.

(3) 生命倫理（生命倫理学、バイオエシックス、bioethics）とは「生命科学と医療における人間の行為を倫理原則の見地から検討する体系的研究」（米本昌平『バイオエシックス』、講談社現代新書、一九八五年、一〇二頁）であるとするならば、「生命倫理学者」に含まれる者はかなり幅広いことになる。筆者はジャーナリズムと社会学をバックグラウンドとしているが、生命倫理学者に含まれることになるだろう。

(4) グレゴリー・ストック『それでもヒトは人体を改変する』垂水雄二訳、早川書房、二〇〇三年、原著二〇〇二年。

(5) リー・シルヴァー『複製されるヒト』東江一紀ほか訳、翔泳社、一九九八年、原著一九九七年。同『人類最後のタブー』楡井浩一訳、ＮＨＫ出版、二〇〇七年、原著二〇〇六年。

(6) ただしストックやシルヴァーは、生命科学者のなかでも極論を言う者であって、大部分の生命科学者は後述する諸提言の著者たちのように穏当な見解を持っているように思われる。

(7) レオン・R・カス『生命操作は人を幸せにするのか』堤理華訳、日本教文社、二〇〇五年、原著二〇〇二年。

(8) レオン・R・カス編著『治療を超えて』倉持武監訳、青木書店、二〇〇五年、原著二〇〇三年。

(9) マイケル・J・サンデル『完全な人間を目指さなくてもよい理由』林芳紀ほか訳、ナカニシヤ出版、二〇一〇年、原著二〇〇七年。

(10) ユルゲン・ハーバーマス『人間の将来とバイオエシックス』三島憲一訳、法政大学出版局、二〇〇四年、原著二〇〇一年。

(11) 二〇一五年九月二日現在、生物医学論文のデータベース「パブメド（Pubmed）」を、"genome editing"と"ethics"で検索して見つかる文献は四件のみである。そのうち三件は、石井哲也が著者に含まれているものである。前者を"gene editing"に変えると、九件の文献が見つかるが、論文ではない記事三件も含まれている（残念ながら筆者がアクセスできなかった論文もある）。このように現時点では「少ない」が、おそらく今後増えるだろう。

(12) *Op. sit.*, "International regulatory landscape and integration of corrective genome editing into in vitro fertilization". *Op. sit.*, "Germline genome-editing research and its societhical implications".

(13) 大量の資料を参照したが、本章で主に踏まえたのは以下の記事である。山本卓ほか「ねらった遺伝子を書きかえる「ゲノム編集」とは?」、『ニュートン』第三五巻七号、二〇一五年、一二四―一二九頁。同誌編集部の井出亨氏の文章力と、取材協力者の山本卓・広島大学教授の説明能力に敬意と感謝を表する。そのほか、須田桃子「なるほドリ・ワイド：研究進む「ゲノム編集」」、『毎日新聞』二〇一五年六月一〇日付、M・ノックス「ゲノム科学を変えるCRISPR」古川奈々子訳、『日経サイエンス』第四五巻三号、二〇一五年、五六―六一頁、なども参考になった。

(14) 「ゲノム編集、揺れる科学界　中国、ヒト受精卵の遺伝子改変」、『朝日新聞デジタル』二〇一五年四月三〇日付、など。

(15) 前掲、「なるほドリ・ワイド：研究進む「ゲノム編集」」。

(16) 「ジーンターゲティング」による遺伝子組み換えがいつから「ゲノム編集」と呼ばれるようになったのかは判然としないが、前述のデータベース「パブメド」を「genome editing」で検索してみると、この言葉が初めて論文の題名に現れるのは二〇〇六年である。Cf. Witzany, G., "Natural Genome-Editing Competences of Viruses", *Acta Biotheoretica* 54(4), pp235-253, 2006.

(17) Regalado, A., "Engineering the Perfect Baby", *MIT Technology Review*, March 5, 2015.

(18) *Ibid.*

(19) *Ibid.*

(20) 以下の諸提言と本章の原型となった論考の執筆時点で開始されている国際的な議論は、そもそも遺伝子組み換え技術（組換えDNA技術）が登場したときに起こった国際的な議論と、そのガイドラインを作成するために科学者たち自らが開催した「アシロマ会議」（一九七五年）などを彷彿とさせる。今後の議論のためにはその歴史を振り返り、比較する必要などもあるだろう。

(21) Baltimore, D. et al., "A prudent path forward for genomic engineering and germline gene modification",

Science 348(6230), pp36-38, Apr 3, 2015, doi: 10.1126/science.aab1028. Epub 2015 Mar 19.
(22) *Ibid*. p36.
(23) *Ibid*. p37.
(24) *Ibid*. p38.
(25) Lanphier, E. et al., "Don't edit the human germ line", *Nature* 519(7544), pp410-411, March 26, 2015, doi: 10.1038/519410a.
(26) *Ibid*.
(27) *Ibid*.
(28) *Ibid*.
(29) *Ibid*.
(30) ISSCR, "The ISSCR Statement on Human Germline Genome Modification", 19 March, 2015. URL: http://www.isscr.org/professional-resources/news-publicationsss/isscr-news-articles/article-listing/2015/03/19/statement-on-human-germline-genome-modification
(31) Cicerone, R. et al., "National Academy of Sciences and National Academy of Medicine Announce Initiative on Human Gene Editing", May 18, 2015. URL: http://www8.nationalacademies.org/onpinews/newsitem.aspx?recordid=05182015
(32) Friedmann, T. et al., "ASGCT and JSGT Joint Position Statement on Human Genomic Editing", *Molecular Therapy* 23(3), p1282, August 2015, doi: 10.1038/mt.2015.118.
(33) Gyngell et al., "Editing the germline: a time for reason, not emotion", *Practical Ethics*, March 31, 2015. URL: http://blog.practicalethics.ox.ac.uk/2015/03/editing-the-germline-a-time-for-reason-not-emotion/
(34) *Ibid*.
(35) *Ibid*.
(36) *Ibid*.
(37) *Ibid*.
(38) *Ibid*.
(39) *Ibid*.
(40) *Ibid*.
(41) *Ibid*.
(42) ほかの生命倫理学者が今回の件についてサヴァレスキュたちの発言を批判したテキストも見つからなかったが、本章脱稿後の二〇一五年一二月三日、カナダのラジオ番組がサヴァレスキュと、人間でのヒト生殖細胞系ゲノム編集に批判的な生命倫理学者マーガレット・ソマーヴィルの両方を同時にインタビューし、議論させた。その文字起こしが『応用倫理学』に掲載されたのだが、それを読む限り、片方がもう片方を論破したり、両者がコンセンサスに至ったりした様子はない。“Gene Editing: A CBC Interview of Margaret Somerville and Julian Savulescu”. URL: http://blog.practicalethics.ox.ac.uk/2015/12/gene-editing-a-cbc-interview-of-margaret-somerville-and-julian-savulescu/

(43) Liang, P. et al., “CRISPR/Cas9-mediated gene editing in human tripronuclear zygotes”, *Protein & Cell* 6(5), pp363-372, May 2015, doi: 10.1007/s13238-015-0153-5. Epub 2015 Apr 18.

(44) Regalado, A., “Chinese Team Reports Gene-Editing Human Embryos”, *MIT Technology Review*, April 22, 2015.

(45) Cyranoski, D. et al., “Chinese scientists genetically modify human embryos”, *Nature*, April 22, 2015, doi: 10.1038/nature.2015.17378.

(46) *Op. sit.*, “Chinese Team Reports Gene-Editing Human Embryos”.

(47) *Op. sit.*, “Chinese scientists genetically modify human embryos”.

(48) Savulescu, J. et al., “The moral imperative to continue gene editing research on human embryos”, *Protein & Cell* 6(7), pp476-479, July 2015, doi: 10.1007/s13238-015-0184-y.

(49) Pinker, S., “The moral imperative for bioethics”, *The Boston Globe*, August 1, 2015.

(50) Sokol, DK., “The Moral Imperative for Bioethics”, *Practical Ethics*, August 3, 2015. URL: http://blog.practicalethics.ox.ac.uk/2015/08/guest-post-the-moral-imperative-for-bioethics/

(51) Cyranoski, D., “Ethics of embryo editing divides scientists”, *Nature* 519(7543), p272, March 18, 2015.

(52) 小林傳司『トランスサイエンスの時代』、ＮＴＴ出版、二〇〇四年、八一—八二頁。

(53) *Op. sit.*, “A prudent path forward for genomic engineering and germline gene modification”.

(54) *Op. sit.*, “Don’t edit the human germ line”.

(55) *Op. sit.*, “Germline genome-editing research and its socioethical implications”.

(56) 前掲、『人間の将来とバイオエシックス』、三二頁。

(57) 前掲、『トランスサイエンスの時代』、八二—八三頁。

(58) 米本昌平『先端医療革命』、中公新書、一九八八年、九七頁。

(59) この論点は、前述のピンカーによる生命倫理批判とスコールによる反論に大きくかかわる。この論争と「シビリアン・コントロールとしての生命倫理」についてより深くは、稿をあらためて論じたい。

(60) Organizing Committee for the International Summit on Human Gene Editing, "On Human Gene Editing: International Summit Statement". URL: http://www8.nationalacademies.org/onpinews/newsitem.aspx?RecordID=12032015a

第5章　生殖細胞系ゲノム編集とメディカルツーリズム

(1) 粥川準二「奇妙なねじれ　〝人間での生殖細胞系ゲノム編集〟をめぐる賛否両論から」、『人間科学研究』第一三号、二〇一六年、一六〇—一三七頁（本書第4章）。

(2) Araki, M. et al., "International regulatory landscape and integration of corrective genome editing into in vitro fertilization", *Reproductive Biology and Endocrinology* 12(108), 2014, doi: 10.1186/1477-7827-12-108.

(3) Ishii, T., "Germline genome-editing research and its socioethical implications", *Trends in Molecular Medicine* 21(8), pp473-481, 2015, doi: 10.1016/j.molmed.2015.05.006. Epub 2015 Jun 12 など。

(4) Ishii, T., "Reproductive medicine involving genome editing: clinical uncertainties and embryological needs", *Reproductive Biomedicine Online* 34(1), pp27-31, 2017, doi: 10.1016/j.rbmo.2016.09.009. Epub 2016 Oct 5.

(5) 自戒を込めて書いておくと、拙稿「神の領域手前で立ち止まる時」、『AERA』第二九巻三二号、二〇一六年、三〇—三二頁は、学術論文ではないものの、その典型である。

(6) Doudona, J., "Perspective: Embryo editing needs scrutiny", *Nature* 528(7580), 2015, S6, doi: 10.1038/528S6a など。

(7) Savulescu, J. et al., "The moral imperative to continue gene editing research on human embryos", *Protein & Cell* 6(7), pp476-479, 2015 など。

(8) 前掲「奇妙なねじれ　〝人間での生殖細胞系ゲノム編集〟をめぐる賛否両論から」（本書第4章）。

(9) Charo, RA., "On the Road (to a Cure?): Stem-Cell Tourism and Lessons for Gene Editing", *The New England Journal of Medicine* 374(10), pp901-903, 2016, doi: 10.1056/NEJMp1600891. Epub 2016 Feb 10.

(10) Committee on Human Gene Editing: Scientific,

Medical, and Ethical Considerations, *Human Genome Editing: Science, Ethics, and Governance*, February 24, 2017, The National Academies Press, p103.

（11） 以下の記述は、これまでの拙稿と内容的に重複する（文章は大きく変更してある）。前掲、「奇妙なねじれ〝人間での生殖細胞系ゲノム編集〟をめぐる賛否両論から」（本書第4章）、前掲、「神の領域手前で立ち止まる時」、「人間の未来とバイオテクノロジー」、『ａｔプラス』三二号（二〇一七年五月）、四〇―五三頁。また、本章で取り上げるメディカルツーリズムという論点は拙稿「先端医療、生命倫理、メディカルツーリズム」、『現代思想』第四五巻一八号（二〇一七年九月）、一三二―一四二頁（本書第6章）、でも触れたが、「先端医療～」が事例として主に「ミトコンドリア置換」を取り上げているのに対して、本章は生殖細胞系ゲノム編集を取り上げている。「性別選択」などは今回初めて触れた。また「先端医療～」が主に事実の記述であったのに対して、本章は本文でも述べたように予想という側面が強い。

（12） ただし「体細胞」か「生殖細胞系」か、というこの区別には、微妙なところもある。たとえば現在、ｉＰＳ細胞から精子や卵子を作成するという研究が進められている。体細胞にゲノム編集を行い、遺伝子が改変された体細胞からｉＰＳ細胞をつくり、さらにそれから精子または卵子をつくって、それを卵子または精子と受精させれば、遺伝子を改変させた個体を産生することができる。改変された遺伝子は次世代に伝わる。またｉＰＳ細胞やＥＳ細胞の段階でゲノム編集を行って同じことをすることもできる。ｉＰＳ細胞やＥＳ細胞のような多能性幹細胞は、体細胞でも生殖細胞系でもない。

（13） ただし、「デザイナー・ベビー」という言葉の定義はあまり厳密ではない。兄や姉に移植できる骨髄幹細胞などを持つよう、受精卵診断と胚の選択を経て生まれた子どものことなどを意味することもある。本章では、能力強化を目的に生殖細胞系を遺伝子改変されて生まれた子ども、という意味に限定する。

（14） 体細胞ゲノム編集に倫理的問題がまったくないわけではない。コストや恩恵の配分など、先端医療全般に共通する問題は存在する。

（15） 初期胚段階での染色体検査、すなわち受精卵診断のことを「着床前診断」と呼ぶこともあることを考慮するならば、「着床前治療」と呼ぶこともできる。

（16） Liang, P. et al., "CRISPR/Cas9-mediated gene editing in human tripronuclear zygotes", *Protein & Cell* 6 (5), pp363-372, 2015, doi: 10.1007/s13238-015-0153-5.

Kang, X. et al., "Introducing precise genetic modifications into human 3PN embryos by CRISPR/Cas-mediated genome editing", *Journal of Assisted Reproduction and Genetics* 33(5), pp581-588, 2016, doi: 10.1007/s10815-016-0710-8. Tang, L. et al., "CRISPR/Cas9-mediated gene editing in human zygotes using Cas9 protein", *Molecular Genetics and Genomics* 292(3), pp525-533, 2017, doi: 10.1007/s00438-017-1299-z. Epub 2017 Mar 1. Ma, H. et al., "Correction of a pathogenic gene mutation in human embryos", *Nature* 548(7668), pp413-419, 2017, doi: 10.1038/nature23305. Norah et al., "Genome editing reveals a role for OCT4 in human embryogenesis", *Nature* 550(7674), pp67-73, 2017, doi: 10.1038/nature24033. Epub 2017 Sep 20. Liang et al., "Correction of β-thalassemia mutant by base editor in human embryos", *Protein & Cell* 2017, doi: 10.1007/s13238-017-0475-6. (Epub ahead of print.)

(17) Callaway, E., "Doubts raised about CRISPR gene-editing study in human embryos", *Nature*, August 31, 2017. URL: https://www.nature.com/news/doubts-raised-about-crispr-gene-editing-study-in-human-embryos-1.22547

(18) *Op. cit.*, *Human Genome Editing: Science, Ethics, and Governance*.

(19) ユルゲン・ハーバーマス『人間の将来とバイオエシックス』三島憲一訳、法政大学出版局、二〇〇四年、原著二〇〇一年、七四頁。

(20) 同前。

(21) 本章では詳述できなかったが、前例的なケースがある。一九九〇年代にある医師が、不妊治療を目的に、第三者である健康な女性の卵子から抽出した細胞質を、不妊カップルの妻の卵子に注入し、その卵子に夫の精子を受精させて妊娠・出産を導くという「細胞質注入」という方法を実施して、一七人の子どもを誕生させたことがある（発想としては、後述するミトコンドリア置換とよく似ている）。しかし胎児に染色体障害があって、流産や人工妊娠中絶に至ったケースもあり、FDAに中止を求められて、彼らは中止した。Hamzelous, J., "Everything you wanted to know about '3-parent' babies", *New Scientist*, September 28, 2016.

(22) Glass, W. G. et al., "CCR5 deficiency increases risk of symptomatic West Nile virus infection", *The Journal of Experimental Medicine* 203(1), pp35-40, 2006. Epub 2006 Jan 17.

（23）前掲、「神の領域手前で立ち止まる時」。

（24）（無署名）「新型出生前診断　増加続く　異常の94%が中絶」、『共同通信』二〇一七年七月一六日、など。

（25）*Op. cit.*, "Genome editing reveals a role for OCT4 in human embryogenesis".

（26）Ledford, H., "Where in the world could the first CRISPR baby be born?", *Nature* 526, pp310-311, 2015, doi: 10.1038/526310a.

（27）生命倫理専門調査会「ヒト受精胚へのゲノム編集技術を用いる研究について（中間まとめ）」、二〇一五年四月二二日。URL: http://www8.cao.go.jp/cstp/tyousakai/life/chukanmatome.pdf

（28）*Op. cit.*, "International regulatory landscape and integration of corrective genome editing into in vitro fertilization".

（29）Dyer, S., "Assisted Reproductive Technologies world report: Assisted Reproductive Technology 2008, 2009 and 2010", *Human Reproduction* 31(7), pp1588-1609, 2016.

（30）*Op. cit.*, "Where in the world could the first CRISPR baby be born?".

（31）真野俊樹『グローバル化する医療　メディカルツーリズムとは何か』、岩波書店、二〇〇九年、五六―六三頁。

（32）Cohen, G., "Circumvention tourism", *Cornell Law Review* 97(6), pp1309-1398, 2012.

（33）「不妊治療ツーリズム」ということもあるが、同性愛カップルや独身者が実施することも、近年では報告されている。

（34）先進国の裕福なカップルが新興国に渡航して、現地の女性と代理出産契約をする場合などは、そのこと自体が南北問題という国際的な経済格差を利用した搾取的な行動であり、倫理的に問題がある、と論じうる。この側面を強調する場合には「生殖アウトソーシング」と呼ぶべきかもしれない（柳原良江氏の私信からの示唆による）。なお最近ではインドもタイも外国人による商業的代理出産への規制を強めつつある。

（35）松尾瑞穂「インドの代理出産にみるジェンダーと格差　なぜ子宮を「貸す」のか?」、『SYNODOS』二〇一四年四月一四日。URL: https://synodos.jp/international/7357など。マンジ事件については、次の文献（デューク大学ケナン倫理学研究所が発行した報告書）がインド内外の報道などから集めた情報をまとめており、きわめて詳しい。Points, K., "Commercial Surrogacy and Fertility

Tourism in India: The Case of Baby Manji", Kenan Institute for Ethics, Duke University, 2009. URL: https://web.duke.edu/kenanethics/casestudies/babymanji.pdf

(36) Berkowitz, AL., "Glioproliferative Lesion of the Spinal Cord as a Complication of "Stem-Cell Tourism"", *The New England Journal of Medicine* 375(2), pp196-198, 2016, doi: 10.1056/NEJMc1600188. Epub 2016 Jun 22. Kolata, G., "A Cautionary Tale of 'Stem Cell Tourism'", *The New York Times*, June 22, 2016.

(37) オランダの科学者グループが、同国から中国への遺伝子治療ツーリズムの現状を調査して報告書にまとめたことがある。Schenkelaars Biotechnology Consultancy, In commission of the Commission on Genetic Modification (COGEM), *INTERNATIONAL MEDICAL TOURISM FROM THE NETHERLANDS FOR GENE THERAPY*, October 20, 2010. URL: https://www.genetherapynet.com/download/Medical-tourism-from-Netherlands.pdf

(38) Regalado, A., "A Tale of Do-It-Yourself Gene Therapy", *MIT Technology Review*, October 14, 2015. URL: https://www.technologyreview.com/s/542371/a-tale-of-do-it-yourself-gene-therapy/

(39) 詳しくは、前掲、「先端医療、生命倫理、メディカルツーリズム」（本書第6章）などを参照のこと。

(40) UNFPA Asia and the Pacific Regional Office, *Sex Imbalances at Birth: Current trends, consequences and policy implications*, UNFPA Asia and the Pacific Regional Office, 2012.

(41) Johnson, CK., "Wealthy Go to U. S. to Choose Baby's Sex", *The Associated Press*, June 14, 2006 など。

(42) Kaye, B. et al., "In Thailand, baby gender selection loophole draws China, HK women to IVF clinics", *Reuters*, June 16, 2014.

(43) Castro, R., "The next frontier in reproductive tourism? Genetic modification", *The Conversation*, November 18, 2016. URL: http://theconversation.com/the-next-frontier-in-reproductive-tourism-genetic-modification-67132

(44) Church, G., "Perspective: Encourage the innovators", *Nature* 528(7580), 2015, doi: 10.1038/528S7a.

(45) *Op. cit.*, "On the Road (to a Cure?): Stem-Cell Tourism and Lessons for Gene Editing".

(46) Sumner, P. et al., "The association between exaggeration in health related science news and academic press releases: retrospective observational study", *BMJ*

349: g7015, doi: 10.1136/bmj.g7015.

（47） United Nations, "59/280. United Nations Declaration on Human Cloning", March 23, 2005. URL: https://www.nrlc.org/uploads/international/UN-GADeclarationHumanCloning.pdf

第６章　国境を越える〈リスクの外注〉――ミトコンドリア置換を一例として

（１） きっかけはイギリスの雑誌『ニューサイエンティスト』のスクープであった。Hamzelou, J., "Exclusive: World's first baby born with new "3 parent" technique", *New Scientist*, September 27, 2016.

（２） 筆者はこれまで「ザン」と表記してきたが、今回から訂正する。

（３） 以下の記述は、次の拙稿と内容的に重複することを了承されたい。粥川準二「「３人の親」を持つ子どもをどう考える?-」、『WEBRONZA』二〇一六年一二月六日配信。URL : http://webronza.asahi.com/science/articles/2016120100013.html

（４） しかしチャンは最近になって、自分と自分の会社ダーウィン・ライフ社の行為の一部がアメリカの規制に違反する、とＦＤＡ（食品医薬品局）から警告された。（無署名）「卵子核移植の医師らに警告」、『共同通信』二〇一七年八月六日付。なおチャンたちの行為は既存のメキシコの法律に違反している可能性も指摘されているが、彼らがそれに対してある程度反論していることを、石井哲也が紹介している。Ishii, T., "Mitochondrial replacement techniques and Mexico's rule of law: on the legality of the first maternal spindle transfer case", *Journal of Law and the Biosciences*, lsx015, 2017. URL: https://doi.org/10.1093/jlb/lsx015

（５） Zhan, J. et al., "First live birth using human oocytes reconstituted by spindle nuclear transfer for mitochondrial DNA mutation causing Leigh syndrome", *Fertility and Sterility* 106(3), Supplement, ppe375–e376, 2016. URL : http://www.fertstert.org/article/S0015-0282(16)62670-5/fulltext

（６） Reardon, S., "Reports of 'three-parent babies' multiply", *Nature*, October 19, 2016, doi: 10.1038/nature.2016.20849.

（７） Coghlan, A., "Exclusive: '3-parent' baby method already used for infertility", *New Scientist*, October 10, 2016.

（８） Zhang, J. et al., "Pregnancy derived from human

zygote pronuclear transfer in a patient who had arrested embryos after IVF", *Reprod Biomed Online* 33(4), pp529-533, 2016, doi: 10.1016/j.rbmo.2016.07.008. Epub 2016 Aug 1.

（9） 真野俊樹『グローバル化する医療　メディカルツーリズムとは何か』、岩波書店、二〇〇九年、五六―六三頁。

（10） Cohen, G., "Circumvention tourism", *Cornell Law Review* 97(6), pp1309-1398, 2012.

（11） 前掲、『グローバル化する医療　メディカルツーリズムとは何か』、五七頁。

（12） 松尾瑞穂「インドの代理出産にみるジェンダーと格差　なぜ子宮を「貸す」のか?」、『SYNODOS』二〇一四年四月一四日。URL : http://synodos.jp/international/7357 など。マンジ事件については、以下の論考（デューク大学ケナン倫理学研究所が発行した報告書）がインド内外の報道などから集めた情報をまとめており、きわめて詳しい。Points, K., Commercial Surrogacy and Fertility Tourism in India: The Case of Baby Manji", Kenan Institute for Ethics, Duke University, 2009. URL : https://web. duke. edu/kenanethics/CaseStudies/BabyManji.pdf

（13） Cooper, M. et al., *Clinical Labor: Tissue Donors and Research Subjects in the Global Bioeconomy*, Duke University Press, pp62-76, 2014.

（14） Berkowitz, AL., "Glioproliferative Lesion of the Spinal Cord as a Complication of "Stem-Cell Tourism"", *The New England Journal of Medicine* 375(2), pp196-198, 2016, doi: 10.1056/NEJMc1600188. Epub 2016 Jun 22. Kolata, G., "A Cautionary Tale of 'Stem Cell Tourism'", *The New York Times*, June 22, 2016.

（15） Regalado, A., "A Tale of Do-It-Yourself Gene Therapy", *MIT Technology Review*, October 14, 2015. URL : https://www.technologyreview.com/s/542371/a-tale-of-do-it-yourself-gene-therapy/

（16） 筆者は以下の論文とルポで、生殖細胞系ゲノム編集の生命倫理について予備的に論じたことがある。粥川準二「奇妙なねじれ　〃人間での生殖細胞系ゲノム編集〃をめぐる賛否両論から」、『人間科学研究』第一三号、二〇一六年、一六〇―一三七頁（本書第4章）。粥川準二「神の領域手前で立ち止まる時」、『AERA』第二九巻三九号（二〇一六年九月一二日号）、三〇―三二頁。

（17） *Op. cit.*, *Clinical Labor: Tissue Donors and Research Subjects in the Global Bioeconomy*, p18.

(18) Baylis, F., "The ethics of creating children with three genetic parents", *Reproductive BioMedicine Online* 26(6), pp531–534, 2013, doi: 10.1016/j.rbmo.2013.03.006. Epub 2013 Mar 26.

(19) Yamada, M. et al., "Genetic Drift Can Compromise Mitochondrial Replacement by Nuclear Transfer in Human Oocytes", *Cell Stem Cell* 18(6), pp749–754, 2016.

(20) ヒトクローン胚からのＥＳ細胞作成については、以下の拙稿を参照のこと。粥川準二『バイオ化する社会』、青土社、二〇一二年、第三章。粥川準二「ｉＰＳ細胞には倫理的な問題はない……か？」、『現代思想』第四五巻九号（二〇一七年六月）、一五七―一六九頁（本書第１章）、など。

(21) Maxwell, K., "The incidence of both serious and minor complications in young women undergoing oocyte donation", *Fertility and Sterility* 90(6), pp2165–2171, 2008.

(22) *Op. cit.*, "The ethics of creating children with three genetic parents". なおベイリスは、ミトコンドリア置換には、本章で言及した(1)卵子提供者への害悪のほかに、(2)子孫や将来の世代への害悪、(3)特定の利益集団への害悪、(4)社会への害悪、がありうると指摘する。にもかかわらず、ミトコンドリア置換は不可避であるとも書く。それはこの世界が「無頓着な自由主義、干渉されないことと狭く理解される生殖に関する権利、奔放な消費主義、世界的なバイオ搾取、テクノフィリア（技術に対する熱狂）、失敗を恐れない傲慢さ」に満ち溢れているので、この技術はそれほど危険なものにも罪深いものにも見えないからだ、と皮肉を込めて説明する。生殖細胞系ゲノム編集もそうかもしれない。

(23) Luhman, N., *Risk: A Sociological Theory*, Aldine Transaction, pp101–102, 2002.

(24) National Academies of Sciences, Engineering, and Medicine, *Mitochondrial Replacement Techniques: Ethical, Social, and Policy Considerations*, National Academies Press, p11, pp119–123, 2016.

(25) Reddy, P., "Selective elimination of mitochondrial mutations in the germline by genome editing", *Cell* 161(3), pp459–469, 2015, doi: 10.1016/j.cell.2015.03.051.

(26) Castro, RJ., "Mitochondrial replacement therapy: the UK and US regulatory landscapes", *Journal of Law and the Biosciences* 3(3), pp726–735, 2016. URL: https://doi.org/10.1093/jlb/lsw051 *Op. cit.*, "The next frontier in reproductive tourism? Genetic modification". 本章はこれ

らローザ・キャストロの論考（学術論文と評論記事）に大きな恩恵を受けている。

（27）厚生科学審議会生殖補助医療部会「精子・卵子・胚の提供等による生殖補助医療制度の整備に関する報告書」、二〇〇三年四月二八日。URL：http://www.mhlw.go.jp/shingi/2003/04/s0428-5a.html

（28）正確には二〇〇〇年に公布された「ヒトに関するクローン技術等の規制に関する法律」。

（29）*Op. cit.*, "The next frontier in reproductive tourism? Genetic modification".

（30）Church, G., "Perspective: Encourage the innovators", *Nature* 528 (7580), 2015, doi: 10.1038/528S7a.

ブックガイド

以下、本書で論じたテーマについて、さらに広く、深く考えるために有益と思われる書籍を、筆者が本書を執筆するうえで参考になったという意味も込めて紹介したい。

本書のタイトルにも含まれている「細胞政治」というコンセプトは、いうまでもなくフランスの思想家**ミシェル・フーコー**の提唱した「生権力」や「生政治」といったコンセプトを応用したものである。筆者がフーコーの著作、たとえば本書で引用した『**性の歴史Ⅰ　知への意志**』（渡辺守章訳、新潮社、一九八六年）や講義録『**社会は防衛しなければならない**』（石田英敬、小野正嗣訳、筑摩書房、二〇〇七年）だけを読んでも独力でそれらを理解できるはずはなく、おびただしい数の入門書や解説書、研究書を参考にした。そのなかでも、フーコーの思想の全体像を知るには**桜井哲夫**『**フーコー　知と権力**』（講談社、一九九六年）を、生権力論など後期フーコーについては**檜垣立哉**『**フーコー講義**』（河出書房新社、二〇一〇年）をお勧めする。ただし本書にとっては、フーコーの研究書ではなくフーコー理論を応用した独自の研究書ではあるが、**小松美彦『生権力の歴史』**（青土社、二〇一二年）が執筆の過程で最も参考になったと同時に、強い刺激剤となった。同書では、主に脳死・臓器移植問題を議論の起点として、フーコーやその批判的後継者**ジョルジョ・アガンベン**の生権力論が批判的に深く検討され、それらの限界をも厳しく指摘している。アガンベンは本書ではわずかしか触れられなかったが、『**ホモ・サケル**』（高桑和巳訳、以文社、二〇〇三年）や『**人権の彼方に**』（高桑和巳訳、以文社、二〇〇〇年）は遠いところで、本書の問題意識と触れ合う。また、**美馬達哉『生を治める術としての近代医療』**（現代書館、二〇一五年）もまた、フーコー理論をさまざまな医療問題を考察するために応用しており、興味深い。

ＨｅＬａ細胞については、本書で記事を引用した**レベッカ・スクルート**が二〇一〇年にまとめた『**不死細胞ヒーラ**』（中里京子訳、講談社、二〇一一年）が必読である。同書は、世界で初めて身体の外で培養することができた、つまり培養することに成功した細胞株「ＨｅＬａ細胞」とそれを採取されたヘンリエッタ・ラックスの人生、そしてその家族の運命を詳しく描いている。ＨｅＬａ細胞とヘンリエッタの物語には、人種、性、貧困の影がつねに付きまとい、医療や科学の問題の背景には必ず社会構造の問題があることがよくわかる。細胞政治はＨｅＬａ細胞から始まったということは何度でも確認しておきたい。

iPS細胞については、おびただしい数の本が書かれており、新書などの入門書だけでもずいぶんな数がある。iPS細胞が世の中に登場した当時の本としては、**田中幹人『iPS細胞 ヒトはどこまで再生できるか?』**(日本実業出版社、二〇〇八年)、**八代嘉美『増補 iPS細胞 世紀の発見が医療を変える』**(平凡社新書、二〇一一年)などがある。新しいものでは、**黒木登志夫『iPS細胞 不可能を可能にした細胞』**(中公新書、二〇一五年)がiPS細胞の現在を要領よくまとめていて読みやすいと思う。また、**ジョナサン・スラック『幹細胞 ES細胞・iPS細胞・再生医療』**(八代嘉美訳、岩波科学ライブラリー、二〇一六年)は、iPS細胞を含む「幹細胞」の科学面全体を広く解説している。

本書ではiPS細胞の倫理的問題について一章を使って論じたが、このテーマを深めるためには**澤井努**の力作**『iPS細胞研究と倫理』**(京都大学学術出版会、二〇一七年)を読むことを強く推奨したい。iPS細胞の倫理的問題を一冊費やして包括的に論じたものとしてはおそらく世界で初めての書籍であろう。同書ではiPS細胞の「道徳的共犯性」や「道徳的価値」といった、日本語圏ではあまり紹介されていない論点が深く検討されている。

また、**『現代思想』**二〇一七年六月臨時増刊号「**総特集=iPS細胞の未来 山中伸弥の仕事**」(青土社、二〇一七年)は、科学技術社会論や生命倫理、哲学、あるいは患者の立場といったさまざまな観点でiPS細胞を考察した論文が集められている。また山中伸弥を含むiPS

細胞研究の最先端を走る研究者たちのインタビューも合わせて収載されている。iPS細胞の現在を多角的に知るためには最良の一冊であろう。本書第1章の原型となった論考はこのムックの企画から生まれた。

STAP細胞事件については、ずいぶんと騒がれたわりには単行本としてまとめられたものは案外と少ない。そのなかでは**須田桃子**『**捏造の科学者**』（文藝春秋、二〇一五年）――だけ――がこの事件を正面からレポートしている。しかしながら同書はこの事件を集結させた理化学研究所による二つの報告書が発表される前にまとめられてしまっていることが惜しい。一方、**榎木英介**『**嘘と絶望の生命科学**』（文春新書、二〇一四年）はこの事件の背景としての科学界、特に生命科学分野のアカデミアが抱える諸問題をリアルに――やや露悪的に――論じている。**粥島次郎**『**生命科学の欲望と倫理**』（青土社、二〇一四年）は、これまで主に生命倫理を論じてきた著者が、生命科学を推し進めているものとしての「欲望」、特に「科学する欲望」なるものに着目し、STAP細胞事件もその流れに位置づけている。筆者としては疑問のある記述もあるのだが、奇妙な味わいのある本である。なおこの事件については、研究不正を起こした本人の手記や日記なども公表されているが、歴史的研究などよほどの事情がない限り読む必要はない（インターネットを検索してもらえば、そうした手記や日記を筆者が検討した文章が見つかるだろう。それらを読めば十分だ）。

本書では研究不正問題そのものついては論じられなかったが、**黒木登志夫『研究不正』**（中公新書、二〇一六年）がその分野の現状で最良の入門書である。ＳＴＡＰ細胞事件を含め、さまざまな事例がコンパクトに解説されている。

本書第３章でＥＳ細胞研究など胚を対象とする研究の規則「一四日ルール」について論じたが、これに限らず規制の制度について検討するさいには、各国間での比較も必要になるはずだ。しかし筆者はそうした比較作業に手をつけることさえできていない。さしあたり、生命倫理をめぐる包括的な規則を法律で定めているフランスの事情については、**小門穂『フランスの生命倫理法』**（ナカニシヤ出版、二〇一五年）でうかがい知ることができる。

ゲノム編集については、人間への応用に絞れば、**石井哲也『ヒトの遺伝子改変はどこまで許されるのか』**（イースト新書Q、二〇一六年）が、予備知識なしでも読める入門書である。同じ石井哲也の**『ゲノム編集を問う　作物からヒトまで』**（岩波新書、二〇一七年）もまた良質な入門書だが、こちらでは題名通り人間だけでなく作物への応用についても論じられている。またいうまでもなく、ゲノム編集技術「ＣＲＩＳＰＲ／Ｃａｓ９（クリスパー・キャス・ナイン）」を開発したジェニファー・ダウドナらによる**『ＣＲＩＳＰＲ　究極の遺伝子技術の発見』**（櫻井祐子訳、文藝春秋、二〇一七年）は、必読中の必読である。ＣＲＩＳＰＲ／Ｃａｓ９の開発経緯がきわめて詳しく、開発当事者の視点から描かれているのだが、開発者のダウドナ自身が人間の生殖細胞系でのゲノム編集にはきわめて慎重であることもよくわかる。**ポール・ノフラー『デザイナー・ベビー　ゲノム編集によって迫られる選択』**（中山潤一訳、丸善出版、二〇一七年）は、幹細胞をテーマとするブログでも有名な科学者が生殖細胞系ゲノム編集の倫理的問題に迫った好著であり、こちらも併読されたい。

本書は生殖細胞系ゲノム編集を論じておきながら、「優生思想」あるいは「優生学」と呼ばれるものにはほとんど触れられなかった。さしあたり、**米本昌平ほか『優生学と人間社会』**（講談社現代新書、二〇〇〇年）、**ダニエル・J・ケヴルズ『優生学の名のもとに』**（西俣総平訳、朝日新聞、一九九三年）、**優生手術に対する謝罪を求める会編『増補新装版 優生保護法が犯した罪』**（現代書館、二〇一八年）などが基本書であろう。

第5章と第6章で筆者が述べたのは、評価の定まらない先端医療技術をいわゆる先進国で厳しく規制することに成功したとしても、そのリスクはまるで水が上から下へと流れるように新興国へと流れ行くだろう、ということだ。リスク論についてはいうまでもなく、**ウルリヒ・ベック『危険社会』**（東廉、伊藤美登里訳、法政大学出版局、一九九八年）が基本書中の基本書だが、本書を書くうえでは、**ニクラス・ルーマン『リスクの社会学』**（小松丈晃訳、新泉社、二〇一四年）がより示唆的だった（筆者が読んだのは邦訳に先立つ英語版であるが）。**小松丈晃『リスク論のルーマン』**（勁草書房、二〇〇三年）も有益である（ただしルーマンは作品も解説書もきわめて難解で、筆者が理解できたのは一部である)。

また本書は、広義の「生命倫理(学)」に属する議論をまとめた書籍だとみなされるだろう。それは間違いではないのだが、生命科学を応用した技術、すなわちバイオテクノロジーの人間への応用について、さらにはそれらが全面展開した未来について考察するには、制度化された生命倫理学なるものだけで十分かどうかは疑問である。できるだけ多くの分野からの考察を積み重ねることこそが、議論の質を高めるのだろう。そんな理想に近づいたコラボレーションとしては、**吉川浩満編集協力『atプラス』**三二号(二〇一七年五月)「**特集=人間の未来**」(太田出版、二〇一七年)、**香川知晶ほか『学術会議叢書24 〈いのち〉はいかに語りうるか?』**(日本学術協力財団、二〇一八年)が光っている(前者には、光栄なことに筆者も参加している)。

筆者からはとりあえず以上の書籍を推薦する。各人の興味に応じて読み進められたい。願わくは、読者の皆さんが筆者とともに、細胞政治について深い考察を展開し続けられることを――。

あとがき

まずは本書の成立事情を述べておく。

本書は二〇一四年から二〇一八年にかけて、筆者が雑誌『現代思想』や、非常勤講師を勤める日本大学生物資源科学部の紀要『人間科学研究』で公表した論文を集めたものである。いずれにも加筆・修正をしており、改題したものもある（情報のアップデートは最小限にした）。序章として、ずいぶん前に書いたのだが、ある事情で日の目を見なかった原稿を大幅に加筆して蘇らせたものを掲載した。

筆者はブンケイ（文系）とリケイ（理系）との間、ジャーナリズムとアカデミズムとの間に立っていることを（やや自虐的に）自称している。本書はそんな微妙な立ち位置にいる筆者が、生命科学や生命倫理において現在、最もホットなトピックである「多能性幹細胞」や「ゲノム編集」、特にそれらをめぐる「倫理」について、学術論文の形式で考察した文章を集めたものになった。実際のところ、第3章、第4章、第5章は、筆者の数少ない「査読付き論文」である。ルポルタージュなど、ジャーナリスティックなスタイルで書いた文章は収録しなかった。

それぞれの論文はその時々の状況に応じて、それぞれのテーマに初めて接する読者も読むことができるように、独立させたかたちで書かれたものであるため、本書を通しで読むと、検討の対象となった各技術の基本的な説明など同じことを繰り返し説明している部分も少なくない。重複が多いことをご容赦いただきたいが、同時にいずれも繰り返し読む価値のある重要な記述でもあることをご了承いただきたい。

「その時々の状況」について簡単に述べておくと、本書の原型になったこれらの論文を書いている間には大きな出来事が二つ起きた。

一つは二〇一四年、理化学研究所の研究者らがiPS細胞に次ぐ多能性幹細胞として「STAP細胞」を開発したと英科学誌『ネイチャー』で発表したのだが、その論文に書かれていたことは結局のところ虚偽だったという「STAP細胞事件」である。もう一つは二〇一五年、中国の研究者らが世界で初めてヒトの受精卵にゲノム編集を行ったことを発表したことである。筆者はどちらの件についても多くの取材記事や評論記事などを執筆した。

そうした衝撃的な出来事の波紋がまだ消えない間に、世界は二〇一六年、山中伸弥らがマウスでiPS細胞を作製したことを報告してから一〇周年という節目を迎えたのである（そのことについても筆者は多くの文章を書いた）。本書では、こうした諸々の出来事に応じて、筆者がその都度考察し、学術論文の形式で書いた文章がまとめられている。

本文で述べたことをまとめ直しておくと、フランスの思想家ミシェル・フーコーは、前近代的な「死権力（死なせる権力）」に代わって「生権力（生きさせる権力）」が台頭してきたと述べ、その生権力は人口に働きかける「生政治」と、個々人の身体に働きかける「解剖政治」という二種類の形態で機能する、と主張した。しかし本書は、加藤秀一の鋭い指摘も参照しながら、現在の生権力には細胞やＤＮＡに働きかける「細胞政治」という第三の形態もあることを指摘した。本書で考察してきたＥＳ細胞、ｉＰＳ細胞、「ＳＴＡＰ細胞と呼ばれたもの」、ゲノム編集、ミトコンドリア置換といった「生技術《バイオテクノロジー》」を駆使した生物医療技術は、いずれも生権力の第三形態である「細胞政治」の発動によって生まれ、展開し続けているものである。生権力の「人種主義」は、生きるべき人口集団と死ぬべき人口集団との間や、生きるべき者（個人）と死ぬべき者との間に「切れ目」を入れてきたが、「細胞政治」という第三形態の登場によって、生きるべき細胞（胚などを含む）と死ぬべき細胞との間にも「切れ目」を入れることが可能になった。「切れ目」の位置は操作可能である。細胞間に入れられた「切れ目」は個人間や人口集団間の「切れ目」にも影響するだろう。生技術は手段にすぎない。手段にすぎないが、細胞政治は、ＨｅＬａ細胞の登場によって生まれ、ゲノム編集の登場によってほぼその全体像を現したのである。

本書は結果としてその流れをたどりながらそれら生技術をめぐる「倫理」を考察したものだが、細胞政治の中で私たちがしたたかに――あるいはかろうじてでも――生き抜くためのヒントを提示することを目指して書かれたものでもある。

次に謝辞を。

本書は筆者のこれまでの著作すべてと同じく、多くの人たちのご助力によって成立した。

明治学院大学大学院社会学研究科に在籍していた大学院時代の指導教官である加藤秀一先生（社会学、性現象論）と、学位論文の主査である柘植あづみ先生（医療人類学、ジェンダー論）からは、言葉に表せないほどたくさんの学恩を賜っている。加藤先生からも柘植先生からも直接学ぶ機会は減ったが、著作や論文、研究会などを通じて、今でも筆者は二人から学び続けている。

その加藤秀一先生、柘植あづみ先生に加えて、林真理氏（科学史）、小門穂先生（生命倫理学、ジェンダー論）、柳原良江先生（生命倫理学、社会学）、安藤泰至先生（宗教学、生命倫理）には、『人間科学研究』に投稿する予定の原稿を、事前に「プレ査読」していただいた。各先生のおかげで、それらの原稿は査読を無事に通過し、論文として『人間科学研究』に掲載された。それらはその後、本書の第3章、第4章、第5章になった。各先生のご助言がなければ、その各章は存在しなかったであろう。

マーガレット・スレボーン・フークナー先生（医療人類学）、田中剛太氏（会話分析）、舘野佐保先生（作文コミュニケーション論）には、それらの原稿を投稿する際、英文のアブストラクトの作成に協力していただいた。スレボーン先生には、内容についてもコメントしていただいた。彼らのご助力がなければ、筆者は論文原稿を投稿することさえできなかったであろう。

また名前はわからないが、日本大学生物資源科学部の先生各位（三本の論文で延べ六人）には、それらの原稿を査読していただいた。おそらく慣れない分野の論文原稿を読むという大きなご負担をかけてしまったに違いないのだが、数多くの建設的なコメントをくださった。

そのほかにも多くの方々が、対面で、あるいはSNSを通じて、筆者と意見や情報を交換してくださった。そうしたやりとりは本書の原型になった各論考をまとめるにあたり、この上もなく有益な刺激となった。

栗原一樹氏（『現代思想』編集長）には、それぞれの局面において筆者に論考を発表する機会を与えていただいた。そして足立朋也氏（青土社編集部）には、筆者が書いてきた論文を集めて一冊の単行本にする機会を与えていただいたうえ、別々に書かれた文章を編集して一冊にまとめ直すという、たいへん手間のかかる作業をしていただいた。なお「細胞政治」という本書のコンセプトは、足立氏が提案してくれた別のコンセプトを練り直す経緯で生まれたものである。筆者の思考を推し進めてくれた氏の本書への貢献は計り知れない。青年時代からの愛読誌『現代思想』

に書くことができ、数多くの愛読書を出版してきた青土社から、前著『バイオ化する社会』に続いて再び単行本を出すということなど、筆者は夢にも見ていなかった。

以上の各方面の方々に深く御礼申し上げる。ありがとうございました。

最後になってしまったが、本書の成立には、妻・木村静の長く温かいサポートがあったことを付け加えておきたい。ありがとう。

最後にひと言。

大学で非常勤講師として生命倫理学や社会学などを教えるようになってから一〇年以上になる。その過程で何度か興味深いことを経験した。

たとえば二〇一七年秋、生物学を勉強する学部の一年生諸君を相手に「生殖技術」について講義していたとき、一人の女子学生が教壇の筆者のほうを見ないで、ずっと顔を背けていることに気づいた。その学生はそのときの講義の内容に興味を持てないのだろう、と筆者は推測し、残念に思っていた。ところがそうではなかったのだ。講義の終了後、彼女が提出したリアクションペーパー（講義の感想や内容についての意見を書く小さな紙）には、おおむねこう書かれていた。「私は体外受精で生まれました。両親が体外受精を通じて私を生んでくれたとき、そんなにたいへんな経験をしていたことを初めて知って、涙が止まりませんでした」。その日の講義のテーマは、体外受精など生殖補助医療技術だった。筆者は体外受精において使われる排卵誘発剤にはかなりのリスクがあること、体外受精の成功率はそれほど高くはなく、しかも普及が進んでいるにもかかわらずあまり向上していないことなどを繰り返し強調していた。

筆者は体外受精の問題点を強調するあまり、彼女を傷つけてしまった可能性があることを懸念した。その一方で、自分が体外受精で生まれたこと、筆者の講義を聞いて感じたことを、勇気を出して教えてくれたことで、学問やジャーナリズムといった形式的な綺麗事を超えて考察するよう筆者を促してくれたような気がして、心の中で彼女に感謝した（なお似たような経験はほかにも数回ある）。彼女のような細胞政治のただなかで生まれた若い者たちの涙や勇気に応えることができないならば、学問やジャーナリズムにいったいどんな意味があるというのか。

本書は、細胞政治の磁場の中で誕生し、細胞政治としたたかに付き合いながら日々を生きることを余儀なくされている若い世代との対話を通じて鍛えあげられた考察のまとめでもある。この小さな本が、彼らにとって、そしてほかの読者にとっても、少しでも意義深いものになることを、筆者は心から祈っている。

二〇一八年四月某日

粥川準二

ま行

や行

ら行

な行

は行

た行

さ行

索　引

❄初出一覧

各章は以下の論文に加筆修正したものである。

序　章　書き下ろし。

第1章　「iPS細胞には倫理的な問題はない……か？」、『現代思想』第四五巻九号（二〇一七年六月）、青土社。

第2章　「STAP細胞事件が忘却させたこと」、『現代思想』第四二巻一二号（二〇一四年八月）、青土社。

第3章　「一四日ルール再訪？　ヒト胚研究の倫理的条件をめぐって」、『人間科学研究』第一四号（二〇一七年）、日本大学生物資源科学部。

第4章　「奇妙なねじれ　〝人間での生殖細胞系ゲノム編集〟をめぐる賛否両論から」、『人間科学研究』第一三号（二〇一六年）、日本大学生物資源科学部。

第5章　「生殖細胞系ゲノム編集とメディカルツーリズム」、『人間科学研究』第一五号（二〇一八年）、日本大学生物資源科学部。

第6章　「先端医療、生命倫理、メディカルツーリズム」（「国境を越える〈リスクの外注〉――ミトコンドリア置換を一例として」に改題）、『現代思想』第四五巻一八号（二〇一七年九月）、青土社。

粥川準二（かゆかわ・じゅんじ）

1969年生まれ、愛知県出身。「サイエンスライター」を名乗ることが多いが、「社会学者」や「ジャーナリスト」と呼ばれることも。著書『バイオ化する社会』（青土社）など、共著書『生命倫理とは何か』（市野川容孝編、平凡社）など、監修書『曝された生　チェノルブイリ後の生物学的市民』（アドリアナ・ペトリーナ著、森本麻衣子ほか訳、人文書院）。日本大学、明治学院大学、国士舘大学非常勤講師。博士（社会学）。

ゲノム編集《へんしゅう》と細胞政治《さいぼうせいじ》の誕生《たんじょう》

2018年6月 1 日　第1刷印刷
2018年6月11日　第1刷発行

著　者　粥川準二《かゆかわじゅんじ》

発行者　清水一人
発行所　青土社
〒101-0051　東京都千代田区神田神保町1-29　市瀬ビル
電話　03-3291-9831（編集部）　03-3294-7829（営業部）
振替　00190-7-192955

印　刷　双文社印刷
製　本　双文社印刷

装　幀　桂川 潤

ISBN978-4-7917-7073-1